# 요즘 건축

# 요즈음 건축

건축가에게 꼭 필요한
고민과 실천의 기록들

국형걸 지음

효형출판

들어가는 글

"건축이 뭐라고 생각하세요?"

오래전, 대학 입학 면접에서 어느 교수님이 나에게 던진 질문이다. 무언가 거창하게 답했던 듯하다. 정확히 기억나진 않지만, 확실한 건 그때부터 이 고민이 시작되었다는 거다. 한때는 막연히 건축에 대한 정의를 내리고 싶었다. 어려운 용어로 포장된 '건축'이 대체 무엇인지 공부하고 배워 알고 싶었다. 그러나 고민할수록 답은 보이지 않았고 우리 사회에서 건축은 크게 의미가 없는 듯 보였다. 어느 순간 회의가 들었고, 졸업 설계 주제로 '건축의 종말'을 내세우며 건축을 부정하기도 했다.

대학원을 졸업하고 일을 하면서도 건축이란 무엇인지 고민은 이어졌다. 세월이 가며 경험이 쌓였고, 어느덧 나는 학교에서 건축을 가르치는 교수이자 실무를 하는 건축가가 되었다. 그래서 이제는 그 답을 찾았을까? 매일 학생들 앞에서 강의하고 현장에서 건축 일을 하는 지금의 나에게 건축이 뭐냐고 다시 묻는다면 자신 있게 답할 수 있을까? 우리는 어디부터 어디까지를 건축의 영역이라 부를 수 있을까?

건축은 무언가 세우기 위해 그리고, 짓고, 쌓고, 만들고,

이끌어 가는 일이다. 그 이상 별다른 정의도 설명도 없다. 문자 그대로 보면 건축의 범위는 매우 넓다. 건물을 설계하고 시공하는 것도, 공간이나 구조물을 만드는 것도 모두 건축이다. 사전적 의미에 따르면 주택·아파트·상가·미술관·도서관을 짓는 일부터 가구·울타리·담벼락, 심지어 개집 만드는 일까지 건축이라 할 수 있다. 하지만 과연 그럴까?

과거부터 건축은 권력자와 부자들의 파트너였기에 고귀하고 품위 있는 것으로 여겨졌다. 철학자들은 관념적이고 형이상학적인 미사여구로 건축을 찬양하고 미화했다. 괴테는 '건축은 얼어 있는 음악'이라 표현했고, 데카르트는 철학적 사유를 건축에 비유했다. 모더니즘 이후, 고전 양식을 벗어난 건축은 빛과 공간이 빚어낸 작품으로 더욱 추상화되고 관념화됐다. 건축가 루이스 칸(Louis Kahn)은 건축을 '인간의 활동에 효과적인 공간의 조화와 실현'이라 정의했고, 프랭크 로이드 라이트(Frank Lloyd Wright)는 건축이 '시대와 시대, 세대와 세대를 이어 내려오는 삶의 창조적인 정신'이라고 했다. 무슨 말인지 이해할 수 있겠는가?

그렇게 건축은 대중으로부터 점점 멀어졌다. 건축은 하나의 완성된 건축물로 드러나는 건축가의 '작품'이 됐다. 그 안에 사회적 가치 혹은 관념적 의미를 담아야 했다. 건축은 철학적 주제고 건축 작품에는 무게감이 있어야 하며 건축가는 심각한 표정으로 한껏 폼을 잡아야 했다. 그렇게 건축은 스스로 경계를 만들었다. 건축물을 설계하고 인허가를 내고 감리하는 전문직으로 '건축가'라는 직업의 경계도 명확해졌다.

그러나 시대가 바뀌고 사회가 변했다. 이제 사람들은 큰 건축물이 아니라 작은 주택이나 카페 인테리어에도 건축가를 찾는다. 건물 설계뿐만 아니라 외벽이나 조형물 디자인에도 건축가를 부른다. 멋진 작품을 설계한 대가의 작품집을 찾기보다 누가 지었는지 모르지만 흥미로운 이미지를 찾아 인스타그램과 핀터레스트를 둘러본다. 어렵게 풀어 쓴 이론서를 보며 건축 철학을 고민하기보다 쉽게 이해할 수 있는 관련 동영상을 즐긴다. 빛을 품은 묵직한 노출 콘크리트보다 가볍고 장식적인 외장재로 감싼 건물을 선호한다.

한동안 외국 생활을 하다 귀국하여 본격적으로 건축을 시작한 지 10년이 넘었다. 다른 젊은 건축가들과 마찬가지로 나도 작은 설계부터 큰 프로젝트까지 다양한 일을 해 왔다. 처음 시작은 조그마한 전시였다. 재료와 씨름하며 그리고 자르고 붙여 만드는 작업이었다. 이후 가구 디자인과 설치 작품까지 하다가 그 연장선으로 인테리어 일을 맡았다. 그러다 우연히 작은 건물을 설계할 기회를 얻었다. 운 좋게 공모전에 당선되어 리모델링과 규모 있는 설계 작업도 하게 되었다. 더 나아가 도시 디자인과 관련된 일까지 맡게 되었으니, 말 그대로 닥치는 대로 건축을 해 왔다.

　나는 교수로서 교육 현장에서 건축을 가르치고, 건축가로서 건축이 무엇인지 탐구해 왔다. 전자가 건축이 무엇인지 고민하고 학생들에게 전달하는 일이라면, 후자는 건축이 무엇을 할 수 있는지에 대한 탐구와 실천이었다. 이제 나름의 정의를 내리면 '내가 건축가로서 할 수 있는 모든 일'이 건축이다. 그러다 보니 파렛트 설치 전문가가 되었고, 금속 조형물 전문가도 됐다. 리모델링·스틸 외장 디자인·바 인테리어·교실 인테리어·공모전 등 하다 보니 어느 정도 다 능숙해졌다. 문득, 그런 생각이 들었다. 나는 무슨 일을 하는 걸까? 내가 하는 일은 건축이 아닐까? 그렇다면 무엇일까? 건축과 건축가의 일에 우리가 인위적인 경계선을 그어 놓은 건 아닐까? 건축의 본질을 다시 들여다보기 시작했다. 이 책은 그 본질을 들여다보며 쓴 글 모음이다.

　1·2장에는 건축이 무엇인지에 대한 나의 생각을, 3·4장에는 건축이 무엇을 할 수 있는지에 대한 나의 경험을 담았다. 미리 말하자면, 건축에 대한 객관적인 정의는 없다. 그저 이 글들이 건축학도와 동료 건축가, 그리고 누군가의 사유와 사고의 확장에 도움이 되었으면 한다.

2022년 11월

국형걸

목차

▶ **고민**

# 1장
# 깊게 바라보기

건축가는 일하며 어떤 고민과 생각을 할까?
상식으로 여겨 무심코 지나치기 쉽지만
꼭 생각해 봐야 할 이야기들을 담았다.

# 재료와 대화를 나누면

건축물은 인간이 만드는 물리적 창조물 중 가장 크다. 당연히 매우 다양한 재료가 사용된다. 구조를 위한 재료, 마감을 위한 재료, 기능을 위한 재료…. 각각의 목적과 용도에 맞게 한 건축물에 적게는 수십에서 많게는 수천 가지 재료가 쓰인다. 그중 주재료가 무엇인지에 따라 목조·벽돌·스틸·콘크리트 건축물 등으로 나뉜다.

재료는 지역의 산업 기반과 자연환경에 밀접하게 연관돼 있다. 한 지역 산업의 성쇠와 자원 분포에 따라 건축물도 영향을 받는다. 석재를 기반으로 한 서양에서는 석조 건축이, 목재를 기반으로 한 동양에서는 목조 건축이 자연스레 발달했다. 오늘날 물류 이동이 활발해졌지만 건축은 여전히 각 지역의 자원과 산업 발전과 직접적으로 연결된다. 특히 최근 내식성·내화성·친환경성까지 고려해 건축재의 한계를 극복하고자 개발된 신재료와 새로운 가공 기술 덕분에 국가별 재

료 산업의 변화는 더욱 가속화되었다. 건축계에 새 바람이
불고 있다.


## 재료와의 소통, 그에 맞는 도구

　재료는 건축 디자인의 원천이다. 재료는 디자인의 대상을
넘어 감성을 다루는 '소통'의 대상이다. 모든 재료에는 그에
맞는 가공과 구축 방식이 있다. 돌은 다듬어지길 원하고 벽
돌은 쌓이길 원한다. 나는 종종 강의 시간에 학생들에게 돌·
나무·종이에게 무엇을 원하는지 물어보라 한다. 나무는 깎
여 끼워 맞춰지길, 스틸은 잘리고 접히길 원한다. 결국 뛰어
난 건축가는 재료의 감성을 가장 잘 느끼고 소통하며 이해하
는 사람이라 할 수 있다.

　또한 모든 재료에는 가공 방식에 맞는 도구가 있다. 깎는
도구와 자르는 도구는 다르다. 용접용 도구와 못질 도구도
다르다. 도구에 따라 일하는 방식도, 일하는 사람의 성향도
달라진다. 나무를 다룰 때의 공차(건축 작업 시 오차의 한계나
범위)와 스틸을 다룰 때의 공차는 다르다. 도구에 따라 만들
어지는 결과물도 천차만별이다. 똑같은 구상을 놓고서도 종
이와 가위로 만든 결과물과 찰흙과 주걱으로 만든 결과물은
절대 같을 수 없다. 도구가 사람을 지배하고 디자인을 결정
한다.

## 재료의 구축미와 반전 매력

우리는 형태 또는 공간이 그 재료가 가장 원하는 방식으로 만들어졌을 때 자연스러운 아름다움을 느낀다. 목조 건물은 목재를 드러내며 서로 끼워 맞춰질 때, 벽돌은 있는 그대로 서로 엮이며 쌓일 때, 스틸은 잘리고 접혀 각을 맞추고 조립될 때 가장 아름답다. 이같이 재료들이 중력에 저항하여 그 자체로 물성을 드러내며 어떻게 구축되는지에 대한 아름다움을 건축 용어로 '구축미(Tectonic)'라 한다.

그러나 이와 반대로 재료의 반전이 주는 미적 효과도 있지 않을까? 재료를 일반적인 방식과 완전히 다르게 써서 만든

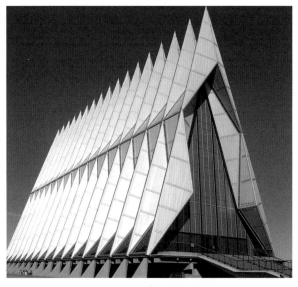

▶ 미국 공군사관학교에 있는 커데트 채플(US Air Force Academy Cadet Chapel).
스틸이라는 건축재 특유의 날카롭고 예리한 감성을 잘 활용해 구축미를 보여 준다.

공간과 장소를 보면 비현실적인 아름다움이 느껴진다. 물결처럼 굴곡지는 벽돌면이나 엿가락처럼 휘어진 스틸, 벽돌같이 차곡차곡 쌓인 목재에서 반전미를 느낄 수 있다. 이를 건축 용어로 '비구축미(Atectonic)'라 한다. 요즘 건축에서는 의도적으로 이런 표현을 사용하는 경우가 많아졌다.

최근 재료 가공 기술의 혁신이 건축 디자인에 변화를 불러오고 있다. 앞서 언급했듯 재료와 도구에 따라 건축 디자인 과정과 결과물은 달라질 수밖에 없다. 오늘날 디지털화된 디자인 과정과 첨단 제작 기술이 접목되어 새로운 건축 도구가 많이 나왔다. 같은 재료를 놓고 다양한 도구로 그 특성을 참신하게 살리는 디자인이 여러 창의적인 건축가에 의해 시도되고 있다.

▶ 로스앤젤레스의 월트 디즈니 콘서트 홀(Walt Disney Concert Hall).
종잇장처럼 가볍고 날렵하게 휘어진 스틸에서 재료의 반전미를 느낄 수 있다.

## 설계 사무소의 어제와 오늘

건축뿐만 아니라 설계 과정에 사용되는 재료와 도구도 매우 면밀하게 검토해야 한다. 과거에는 설계 사무소 책상마다 제도판과 커팅 매트가 있고 스티로폼·종이·칼 등이 여기저기 널브러져 있었다. 건물의 전체적인 틀을 잡기 위해 스티로폼 단열재인 아이소핑크로 모형을 만드는 매스 스터디(Mass Study)를 하고, 정교하게 자른 라이싱지로 벽체를 만들고, 겹겹이 쌓은 우드락으로 대지를 표현했다. 이런 재료들은 열선으로 자르기 쉬운 깍두기 형태의 매스만을 만들었다. 수직적인 콘크리트 벽체와 수평적인 대지의 흐름 위에만 설계를 가능하게 했다. 한계가 분명했다. 그 결과물은 현대적이고 획일적인 방향으로 이어져 왔다.

그러나 최근 설계 사무소 책상에는 성능 좋은 컴퓨터와 두 대 이상의 모니터 그리고 출력물들이 놓여 있다. 설계 과정 대부분이 디지털 디자인 프로그램을 통해 이뤄지고 도면으로 표현된다. 하지만 이 과정에도 프로그램이란 재료와 도구가 존재한다. 스케치업·라이노·레빗 등 소프트웨어는 3차원 모델링을 위해 각각 서로 다른 구축 방식을 쓴다. 컴퓨터 화면 속 디자인 프로그램은 현실의 설계 재료 및 도구와 같다. 과거 스티로폼·종이·커터 칼 등 도구가 디자인 방향을 규정 지었듯 디자인 소프트웨어가 획일화되면 우리의 건축은 또다시 획일화될 것이다.

## 재료의 다양성이 필요하다

우리 건축은 지난 수십 년간 비약적으로 발전했다. 그러나 아직도 가장 부족한 부분은 '다양성'이다. 재료가 다양하지 않아서다. 우리나라 대다수의 건축물은 저렴하고 사용하기 쉬운 콘크리트로 지어진다. 형태와 공간을 향한 관심에 비하면 재료와 실험적인 시도에 대한 관심은 부족한 실정이다. 다양한 건축재를 활용하면 우리 건축의 새로운 방향을 모색할 수 있다. 앞서 언급한 것처럼 관련 산업도 한층 발전할 수 있을 것이다.

흔히 건축을 요리에 비유한다. 한 요리에는 다양한 식재료가 들어간다. 가장 맛있는 요리는 사용된 재료의 맛을 가장 잘 살린 요리다. 가장 멋있는 건축은 사용된 건축재의 감성을 가장 잘 드러낸 건축일 것이다.

# 기술은 혁신을 꿈꾼다

건축은 공학일까, 예술일까? 자주 듣는 질문이다. 많은 국내 대학이 건축을 공학의 일부로 공과대학에 포함시키고 있지만, 몇몇은 예술의 일부로 예술대학 산하에 두고 있다. 서양의 여러 대학은 이런 학문적 카테고리를 넘어, 도시와 조경을 함께 다루는 별도의 건축대학을 둔다. 국내 일부 학교도 최근 건축을 독립적인 분야로 인정하고 있다.

이런 논란은 건축의 본질이 기술인지 디자인인지에 대한 의문에서 출발했다. 역사적으로 건축은 서양 미술사의 큰 줄기를 이루는 예술의 한 부분이었다. 조각과 소조처럼 조형물을 만드는 것에서 한 걸음 나아가 교회와 궁전 등 웅장하고 거대한 형태와 공간을 만드는 그 시대 예술의 결정체였다. 거대한 작품을 만들다 보니 자연스럽게 중력에 저항하는 기술과 재료를 이어 붙이는 기술 등이 필요해져 기술을 기반으로 한 예술의 성격을 띠게 된 것이다.

## '건축'의 탄생

그렇다면 건축은 언제 예술에서 벗어나게 된 걸까? 현재 우리가 말하는 건축과 건축가의 역사는 그리 길지 않다. 산업혁명을 거치며 기술은 산업을, 산업은 사회를 바꾸어 놓았다. 공장에서 배와 비행기 같은 거대 구조체가 만들어지고 제품이 규격화되어 대량 생산되는 시기를 거치며 근대 이후 건축도 대량 생산, 표준화된 설계 등 시대 흐름을 따르게 되었다. 새로운 건축을 향한 열망이 국제적 흐름을 주도했다. 과거 교회와 궁전을 만들던 건축은 이제 공동주택·공장·극장·기차역 등 상업·산업·공공시설을 짓기 시작했다. 이때부터 건축은 기술과 미술, 도시와 사회를 아우르는 독립 분야로 자리잡았다.

지난 백여 년간 건축은 모더니즘의 틀 안에서 지속적으로 변화와 발전을 거듭해 왔다. 디자인 면에서는 인간이 만들어낼 수 있는 모든 시도가 쏟아져 나왔고, 기술 면에서는 가장 높은 건물부터 가장 긴 구조물까지 가능한 모든 구조체가 만들어졌다 해도 과언이 아니다. 인류 문명과 마찬가지로 지난 수천 년보다 백여 년 사이에 이룬 건축적 성과가 훨씬 크고 뚜렷하다.

▶ 상하이의 번드 파이낸스 센터.
파이프 오르간처럼 디자인된 건물 입면이 시간에 따라 움직이며 다양한 시각 효과를 준다.

## 신기술이 만든 건축의 혁신

바야흐로 4차 산업혁명의 시대다. 불과 20년 전 '정보혁명'으로 대표되던 인터넷과 디지털 기술 그리고 세계화의 3차 산업혁명을 넘어 우리는 이제 인공지능·사물인터넷·3D 프린팅·로봇 기술을 이야기한다. 건축은 이미 디지털화되고 세계화된 사회를 넘어서고 있다. 모든 건축물은 소프트웨어를 통해 3차원으로 설계되고 더 나아가 과거에는 불가능했던 디자인까지 새로 만들고 있다. 이제 '세상에 없던' 디자인도, '못 만들' 디자인도 없다.

이렇게 불가능했던 형태와 공간을 구현하는 것에서 한 걸음 더 나아가 최근에는 기술적 장치와의 융합으로 기능적·환경적 요구에 따라 건축 요소를 시시각각 변화시켜 연출하는 프로젝트도 볼 수 있다. 영국의 건축 설계 회사 포스터 앤 파트너스(Foster + Partners)와 헤더윅 스튜디오(Heatherwick Studio)는 상하이에 '번드 파이낸스 센터(Bund Finance Centre)'

를 지었다. 건물 입면을 무대장치처럼 움직이게 설계해 도시 속 새로운 건축 유형을 제시했다. 딜러 스코피디오(Diller Scofidio)는 뉴욕에 전시 공간이자 공연장인 '더 셰드(The Shed)'를 지었다. 이 건물은 스스로 움직여 때로 공간의 성격을 달리하는 모습을 보여 준다.

## 패러다임의 변화가 필요하다

그렇다면 우리나라 건축은 이런 변화에 잘 적응하고 있을까? 학교에서 강의하던 내 경험을 살려 되짚어보면, 학생들은 다양한 오픈 소스를 활용해 디자인과 렌더링은 물론 동영상과 애니메이션까지 제작하고 있다. 그러나 우리 건축계는 극히 보수적이고 수동적이며 소극적이다.

여전히 제도판에 펜과 자를 이용해 건축사 시험을 치고, 일부 공모전은 아직도 스티로폼 모형을 요구하며 3차원 표현에 제한을 두고 있다. 관공서에서는 프로젝트를 진행할 때마다 이제 아무도 사용하지 않는 CD에 담아 납품하라 요구한다. 각종 심의는 새로운 게 아니라 평준화된, 그래서 튀지 않는 디자인을 강요한다.

대학은 기술 혁신에 대처하며 민감하고 빠르게 움직일 때 그 실험의 장이 될 수 있다. 젊은 세대는 현장에 나와 새로운 도전을 할 수 있어야 한다. 역으로 산업이 기술 혁신을 따라

가지 못하고 정체되면 교육 현장의 도태로 이어진다. 오래된 모더니즘 건축에 대한 향수와 수십 년 된 관념적인 건축 담론으로는 새롭고 창의적인 인재를 키울 수 없다. 구시대적인 건축사 시험, 표현의 자유를 틀어막는 설계 공모전은 젊은 건축가들의 꿈과 이상을 뒷받침하기 어렵다. 문제는 우리 건축계 내에 있다. 1990년대 대학 입시에서 최고 인기를 구가하던 건축학과가 인기를 잃게 된 건 일시적인 유행이나 산업 구조 문제 때문만은 아닐 것이다.

기술 혁신은 사회 변화를 동반한다. 사회가 신기술을 받아들이며 빠르게 변화할 때 성장하고 발전했음을 우리는 역사를 통해 배웠다. 20세기 초, 건축이 빠르게 기술과 사회의 변화를 받아들이고 그 대상·방식·양식 등 모든 패러다임을 바꾸어 성공했듯, 21세기 건축에도 새로운 패러다임이 필요하다. 스스로 변화할 때 패러다임이 바뀌고 건축의 혁신이 가능하다.

# 형태의 한계를 넘어

건축은 많은 재화와 노동력이 들어간 결과물이다. 오래전부터 사람들은 건축물에 상징과 은유를 부여해 왔다. 이집트 피라미드는 기하학적인 정사각뿔 형태로 영원 불멸을 향한 열망을 담았고, 고대 문명 유적 스톤헨지는 완벽한 원형으로 신성함을 상징했다. 바빌로니아의 바벨탑은 하늘을 향해 치솟은 나선형 타워로 인간의 끝없는 욕망을 표출했다.

## 고대와 중세 건축의 형태

건축물의 형태는 어디에서 출발했을까? 건축의 원초적인 형태에 대한 관심은 오랜 시간 이어져 왔다. 18세기 프랑스의 건축 이론가 마크앙투안 로지에(Marc-Antoine Lauwgier)는 원초적인 형태의 건축물로 박공지붕의 '원시 오두막(The Primitive Hut)'을 제시했다. 기둥과 같은 수직 부재를 세우고

그 위에 삼각형 모양의 지붕을 얹은 것이 원시 건축 형태이
자 고대 그리스 신전의 뿌리가 된다는 추론이었다. 동서양의
많은 고대 건축물이 같은 원리에 따라 지어져 왔다.

이후 건축은 종교와 정치 권력의 영향 아래 여러 양식을
거쳐 왔다. 특히 중세 시대를 거치며 건축 형태는 고전적
인 전통을 따라 입체감을 주기보다 건물 정면부인 파사드
(Façade)가 장식되고 부각되는 방식으로 진화했다. 이때의 건
축에서는 공간보다는 장식, 창의보다는 전통이 중요시됐다.

▶ 마크앙투안 로지에의 『건축 에세이』 첫머리 삽화.
수직으로 선 나무 위에 삼각형 지붕을 얹은 원시
오두막 형태를 볼 수 있다.

▶ 로마의 제수 교회(Church of the Gesù)
파사드.
건물 전면부에 집중하여 시대에 따른
장식적 어휘를 표현한 대표적인 중세
건축물이다.

## 모더니즘을 거친 건축의 형태

우리는 언제부터 형태를 중요시하기 시작했을까? 모더니즘 사조에서 드디어 건축은 입체 조형의 대상이 되었다. 이때부터 사람들은 장식적 요소를 지양하고 기능적인 공간만을 고려하며 매스(건축에서 부피가 갖는 덩어리감)로 건축물을 디자인하기 시작했다. 장식이 없어지니 대신 빛과 그림자, 공간감 등 추상적 요소들이 디자인의 대상이 되었다. '형태는 기능을 따른다(Form Follows Function)'는 문장으로 대표되는 기능주의는 모든 형태가 그 기능에 맞게 만들어져야 한다고 주창했다. 이때부터 건축물들은 단순한 매스와 수직 벽체, 수평 슬라브로 이루어진 정형적인 모습이 됐다. 이런 모더니즘 스타일은 전 세계로 퍼졌고, 지금까지도 많은 건축가의 세계관을 상당 부분 지배하고 있다.

그러나 기능 위주의 모더니즘 건축도 여러 이유로 비판받고 있다. 종종 너무 난해하고 딱딱하며 관념적이라고 지적된다. 모더니즘 건축은 대중을 지향했으나 오히려 대중과 건축 사이의 간극을 만들고 말았다. 이후 포스트모더니즘을 거치며 이런 추상성에서 벗어나 은유와 상징의 가치가 다시 강조되었다. 무미건조하고 추상적인 형태와 기능에 치중한 공간에서 벗어나, 보다 지역과 문화에 맞는 친숙하고 친근한 형태 어휘를 차용하기 시작한 것이다. 이는 오늘날 동시대 건축에서 드러나는 형태적 다양성에 영향을 미쳤다.

  최근 기술과 산업이 급변하며 전 세계 어디서나 누구나 쉽게 다양한 디자인을 만들 수 있게 되었다. 새로운 형태와 디자인에 대한 사회적 요구가 늘었으며 그 가치도 높아졌다. 이제는 기능을 위해서만 건물을 만들지 않는다. 그 기능도 이전의 구조·동선·채광 등 건물 이용만이 아니라 홍보와 마케팅 등 다양한 목적과 복합적으로 작용한다. 이런 사회 변화는 건축 형태에 대한 새로운 관점을 요구한다. 과연 지금 우리 건축에서 '형태'를 어떻게 바라보아야 할까?

▶ 뉴욕 예일대학교 루돌프 홀 (Rudolph Hall). 인위적인 장식적 요소를 배제하고, 기능에 맞추어 수직과 수평의 추상적 형태를 만든다. 빛과 그림자가 만드는 공간감을 극대화한 모더니즘 양식의 전형을 보여 준다.

▶ 필라델피아의 바나 벤츄리 하우스(Vanna Venturi House). 포스트모더니즘 건축의 시초로 볼 수 있다. 박공지붕과 굴뚝, 문과 창문 등 우리에게 익숙한 집의 요소들을 재조합해 형태를 구성했다.

## '비정형'의 허상

'비정형 건축'이란 말을 들어 보았는가? 나는 처음 이 말을 듣고 생소하고 희한하다고 생각했다. 국내에서는 흔히 수직과 수평, 사각형을 배제하고 곡선과 사선을 이용한 건축을 비정형 건축이라 한다. 그렇다면 수직 수평이 아니면 비정형일까? 곡선만 들어가면 다 비정형일까? 문자 그대로라면 '비정형'은 정형이 아니라는 뜻인데, 정형의 기준은 무엇일까? 비정형 건축을 영어로는 'Freeform'이라 하지만, 이는 해외 건축계에서 거의 사용되지 않는, 근거 없는 용어다.

디자인 과정과 구체적인 제작 및 시공 방식을 고려하지 않고 보이는 외형에 따라 이분법적으로 나누는 것은 지극히 단면적인 방식이다. 정형과 비정형이라는 분류도 너무나 주관적이며, 건축의 역사를 통틀어 봐도 학문적 논거가 없다. 아치나 원형은 곡선이지만 정형적이고, 삼각형과 육각형은 사선이 있지만 가장 정형적인 형태라 할 수 있다. 무언가 특이한 형태만으로 비정형 건축이라 속단하는 일은 없어야 한다.

▶ 모스크바의 스콜코보 과학 기술 연구소(Skolkovo Institute of Science and Technology). 곡선이지만 대단히 정형적인 원형을 하고 있다. 정형, 비정형 건축의 경계가 있을까?

## 기능을 넘어선 형태

형태를 이상하게 왜곡해 만들어야 결과물도 특이하게 보일까? 우리 눈이 그렇게 사실적이고 객관적이라 믿는가? 단순하고 정형적인 건물도 외피 디자인이나 보는 각도에 따라 순간적으로 형태를 왜곡해 보여 줄 수 있다. 네모난 건물도 디자인에 따라 비뚤어져 보일 수 있다. 최근 디자인과 기술의 발전으로 모듈화된 다양한 외피가 만들어졌는데, 이런 모듈들의 조합으로 형태 이상의 효과를 낼 수 있다.

건축의 형태를 기능적으로 활용한다면, 그리고 그 기능이 바뀐다면 어떨까? 오늘날 건축계에서는 형태가 무엇을 상징하고 표현하는지보다 형태로 무엇을 할 수 있는지가 더 중요한 이슈다. 과거에 어떤 기능을 담당했던 특정 형태의 건축

▶ 로스엔젤레스의 더 브로드(The Broad).
외형은 단순하지만 외피 디자인에 변형을 줘 독특한 형태로 느껴진다.

물이 시대와 사회 변화에 따라 그 형태는 유지하면서 전혀 다른 기능을 하기도 한다. 말은 사람을 태우고 달릴 수 있지만 밭도 갈 수 있고 경기장에서 달릴 수도 있다. 형태는 기능을 가질 수 있으나, 한 가지 기능에 종속되지는 않는다. 현대 건축에는 그런 사례가 빈번하다.

▶ 코펜하겐의 아마게르 바케 발전소(Amager Bakke).
열병합발전소 건물 네 개의 지붕을 연결하고 특수 재료를 이용해 스키장을 만들었다.
하나의 건축물은 다양한 기능을 할 수 있다.

## 형태에 대한 고찰이 필요하다

역사적으로 형태는 늘 건축의 중요 요소로, 가장 강력한 표현 도구이자 탐구 대상이었다. 그러나 언제부터인가 우리에게 건축 형태는 절제와 은유가 필요한 대상이 되었다. 특히 국내 건축계에서 '정형'은 경제적이고 합리적인 것, '비정형'은 돈 많이 드는 특이한 건축물로 여겨진다. 그러다 보니 우리 주변은 어느덧 형태에 대한 고찰 없이 마구잡이로 올린 획일적인 깍두기 건물들로 가득 찼다.

이제 사람들은 정형과 비정형의 구분에 관심이 없다. 우리 사회는 이미 자유로운 형태와 다양성을 요구하고 있다. 요즘 건축은 시각적이고 즉각적인 효과를 추구한다. 요즘 건축가에게 형태란 특정 스타일이나 유형을 넘어 프로젝트의 상징성·기능성·경제성·차별성 등 모든 면을 고려한 연구 대상이다. 우리는 필요에 따라 무엇이든 디자인하고 만들 수 있다. 무엇보다 형태란 건축가가 만드는 피조물을 넘어 결과적으로 사람들의 눈높이에 보이는 경험의 대상이다. 형태에 대한 더 많은 관심과 심도 깊은 고민이 필요하다.

# 어렵지만 꼭 필요한 색

주변의 많은 동료 건축가가 검은색 옷을 즐겨 입는다. 검은 셔츠에 검은 재킷을 특히 많이 입는다. 그리고 하얀 종이에 디자인하고, 작업 결과물로 회색 건물을 만들어 낸다. 건축가들은 색을 안 쓰는 걸까, 못 쓰는 걸까? 둘 다인 듯하다. 색을 안 써서 못 쓰고, 못 쓰니 점점 안 쓴다. 물론 다양한 색이 잘 활용된 건축도 있고 색채 감각이 뛰어난 건축가도 있다. 그러나 대부분 건축 교육 기관에서 색채까지 가르치진 않으며, 건축 실무를 하면서 색상에 대해 체계적으로 교육받을 기회는 거의 없다. 그러니 건축물이 모여 도시의 색을 좌우한다는 건 참 아이러니한 일이다.

물론 건축가들은 좋든 싫든 항상 색을 선택해야 하고, 실무 경험을 통해 색 사용법을 체득한다. 그렇게 주로 무채색이나 튀지 않는 색을 고른다. 색을 잘못 쓰면 무언가 어색하고 촌스러워 보인다. 그러니 때로 건축가에게 색은 두려움의 대상이자 위험한 도구다. 간혹 감각적으로 색채를 잘 활용한 건축물과 공간 디자인을 보면 부러울 따름이다.

## 건축가의 선과 악, 백색과 흑색

건축가가 색을 멀리하게 된 가장 큰 이유는 무엇일까? 바로 모더니즘 사조 때문이다. 빛과 그림자가 빚어내는 음영 효과를 즐겨 사용한 모더니즘 건축은 백색이나 회색의 벽체를 선호했다. 밝은색으로 갈수록 빛을 반사해 음영이 두드러지고 공간감이 명확해진다. 반면 어두운 색으로 갈수록 빛을 흡수해 음영이 사라지고 공간감을 살리기 어려워진다. 특히 건축 사진을 찍으면 사진을 잘 받는 색은 백색, 표현하기 어려운 색은 검은색이다. 그래서인지 건축 모형은 대부분 백색으로 만든다. 조금 과장해 말하면 건축가에게 전통적으로 백색은 선(善), 검은색은 악(惡)이었다.

▶ 로마의 쥬빌리 교회 (Jubilee Church). 순백의 건축재를 활용해 빛과 음영을 드러냈다.

　색이 지나치게 강조되면 공간과 형태가 죽는다. 인간의 시력과 인지력은 상대적이다. 한 번에 둘 이상에 집중하기 어렵다. 강한 색이 시선을 모으면 음영이 만드는 공간감은 주목받지 못한다. 그러니 공간을 중요시하는 건축가들은 색을 멀리할 수밖에 없다. 그러나 요즘 건축도 그럴까? 여전히 빛과 그림자, 공간과 형태가 중요하지만 그들이 건축의 전부는 아니다. 때로는 자극적이고 다채로운 색이 필요하다.

## 색에 대한 선입견

　색은 공간의 프로그램에 따라 다양하게 쓰인다. 그러나 우리는 색에 대한 고정관념이 있다. 대표적으로 아이들의 공간에 밝고 화사한 색을 쓰는 것이다. 많은 유치원과 초등학교에 노랑·주황·초록 등 명도와 채도가 높은 유채색이 활용된다. 수영장과 체육관 같은 활동 장소에는 파란색·붉은색 등 원색 계열을, 호텔이나 바처럼 고급스럽고 무게감이 느껴지는 공간에는 어두운 갈색·짙은 회색·검은색 등 무채색 계열을 많이 사용한다.

　그러나 이런 선입견대로 색을 남발할 경우 건축은 흉물이 되고 만다. 유치원에 빨강·노랑·파랑 등 너무 많은 원색을 남발해 디자인을 해치고 눈에 피로감을 주는 경우도 종종 보인다. 수영장이라 해서 파란색으로 도배하고 술집이라고 검은색으로 무작정 덮어 버리는 색상 사용은 안 하느니만 못하다. 신중하게 써야 한다. 색은 포인트를 줄 때 강해진다. 전체적인 배경이 있고 돋보이는 색상이 디자인 포인트가 될 때 의미가 있다. 이때 무엇보다 중요한 것은 색의 조합이다.

▶ 파리 퐁피두 센터의 어린이 갤러리(L'Atelier des Enfants).
파스텔 톤 색채를 잘 활용해 밝고 화사한 공간을 만들었다.

## 자연과 어울리는 색

색은 자연의 산물이다. 재료의 속성과 본질을 탐구해 온 건축가에게 인위적인 채색은 때로 작위적으로 보인다. 재료가 빛을 만나 표현하는 외연이 색의 본질이다. 인간의 감각에 자연 그대로의 색과 질감만큼 좋은 것은 없다. 싱그러운 풀잎의 연두색·맑은 날의 하늘색·잘 익은 사과의 빨간색만큼 아름다운 색은 없다. 고급스러운 우드·번들거리지 않는 무광 스틸·매끈하게 마감된 노출 콘크리트 등 재료가 보여주는 본연의 색상만큼 자연스러운 건 없다.

건축물은 인공물이지만 주위 환경과 잘 어우러져야 한다. 일반적으로 주변에 숲이 있다면 백색이나 갈색 구조물이 초록색과 어울려 인공과 자연의 조화를 만든다. 쨍한 원색이 자연과 어울리기는 쉽지 않다. 하지만 그걸 차치하더라도 우리의 공원에는 이미 너무나도 많은 규정이 있다. 온갖 심의와 규제가 색을 제한한다. 그렇다고 자연과의 어울림, 조화만이 정답은 아니다. 오히려 자연 한가운데 하나의 포인트로 강한 색을 사용해 반전을 줄 수도 있다. 멀리서도 잘 보이는 랜드마크를 만들기 위해 색채만큼 강렬하고 효과적인 요소도 없다. 충분한 이유와 목적만 있다면 자연에 특이한 색을 쓰지 못할 이유도 없다.

▶ 파리 라빌레트 공원(Parc de la Villette)의 빨간 구조물.
구조물의 빨간 원색이 공원의 포인트가 되어 준다.

## 톤 앤 매너, 색 활용법

그렇다면 색을 잘 쓰려면 어떻게 해야 할까? 나도 여러 색을 놓고 고민에 빠진 적이 많다. 이상적으로는 색상 전문가와 협업하거나 컨설팅을 받으면 좋겠지만, 그런 상황이 아니라면 톤 앤 매너를 맞추는 데 주력한다. 몇 가지 색상을 사용하되 전체적으로 하나의 컨셉이 되게 하는 것이다. 그러기 위해 RGB 색상 팔레트를 활용한다. 색 전문 서적과 어도비 등 그래픽 프로그램도 톤과 매너에 맞는 색을 추천해 준다.

일반적으로 같은 계열의 색이 일관성을 준다. 다양한 색을 원하면 코드를 보고 유사한 계열을 쓰는 게 안전하다. 파스텔 톤으로 부드러운 변주를 줄 수도 있다. 보색을 사용하면 서로 조화를 이루며 대비되어 강조 효과를 줄 수 있다. 노란색과 보라색 또는 파란색은 서로 보색으로 대비되면서도 잘 어우러진다.

▶ 색의 톤과 매너를 잘 맞춰 활용한 색상 팔레트 예시.

건축가는 색 전문가는 아니지만 늘 색을 다룬다. 색은 잘 활용하면 큰 효과를 내지만 잘못 쓰면 건축물을 흉물로 만든다. 그렇다고 색을 두려워하거나 제한적으로만 사용하면 색 없는 건축물만 짓게 되고, 이는 색 없는 도시로 이어진다. 건축물도, 도시도 화려한 색일 필요는 없으나 어느 정도 활기를 줄 필요는 있다.

## 도시에는 색이 필요하다

우리 도시는 어떤 색일까? 흔히 건축재는 채도가 강하지 않거나 무채색 계열이 많다. 그러다 보니 무채색 건축물이 많고, 도시의 색도 건축물에 크게 좌우되지 않는다. 오히려 도시의 색감은 일상적인 거리에서 느껴진다. 버스 정류장·지하철역의 캐노피·자전거 거치대 등 주변의 공공시설물을 둘러보자. 안타깝게도 대부분 어두운 회색이다. 대한민국 모든 도시의 시설물이 거의 동일한 색이다. 이 정도면 색을 잃은 도시, 색감 없는 국가다. 온갖 심의와 규제가 우리 도시의 색을 통제하고 있다.

우리 스스로 무채색을 친숙하게 여기는 경향도 있다. 문화적·교육적 영향으로 자기 주장을 강하게 내세우고 스스로를 표현하기보다 남들을 따라하고 대중 속에 튀지 않게 숨는 것이 익숙하기 때문이다. 자연스럽게 디자인은 억눌려 왔고,

우리 도시는 튀는 디자인, 튀는 색을 견디지 못하게 됐다.

이제는 바꾸어 보자. 우리 건축에도 색이 필요하다. 색의 사용을 두려워하고 제한하지 말자. 적절한 색을 권장하고 잘 쓰려 하면 우리 건축 디자인은 한층 다채로워질 수 있다. 도시의 색과 디자인에도 자유를 주면 어떨까? 제한을 두지 말고 어울리는 색을 잘 활용하면 지금보다 아름다운 우리 도시를 만날 수 있을 것이다.

# 건축미는 어디서 올까

건축을 배우며 항상 궁금했던 게 있다. 과연 무엇이 아름다운 걸까? '미(美)'란 무엇일까? 절대적인 걸까, 상대적인 걸까? 모두가 아름다운 건축물을 지향할 뿐, 아무도 '미'에 대해 정확하게 가르쳐 주지 않았다. 혼자 미술관도 다니고 미술 서적도 읽었지만 아름다움에 대한 고민은 계속됐다. 교육 제도가 개편되기 전, 중고등학교 시절 체계적인 미술 교육을 받지 못했던 어린 건축학도에게 '미'의 개념은 너무 어려웠다.

건축은 분명 미학과 깊은 관계가 있고 방대한 서양 미술사에서 중요한 부분을 차지한다. 수학과 기하학, 더 나아가 구조·설비·전기·토목 등 과학과 공학 분야와도 밀접하게 연관 있다. 요즘 건축은 주거와 건물이라는 이슈로 확장되고 부동산과 자산이라는 경제적 문제로 다루어지기도 한다. 그러다 보니 언제부턴가 건축에서 '미'는 무엇이며 어떤 의미가 있는

지 혼란스러워졌다. 누군가는 나와 비슷한 고민을 할 듯해, 개인적으로 탐구해 온 '건축미'를 되짚어 본다.


## 시대사조에 따른 아름다움

건축의 미적 요소는 문화와 양식에 따라 변화해 왔다. 조각과 회화 같은 다른 예술 분야와 마찬가지로 건축도 시대흐름, 각 나라의 문화적 배경에 따라 다르게 평가받아 왔다. 고대 미술이 종교와 권력의 영향력 아래 있었듯 고대 건축도 종교 세력과 귀족을 위한 것으로 발전해 왔다. 미술과 마찬가지로 건축도 시대사조의 산물이었다.

근대 이후 미술계에 정해진 형식을 거부하는 실험적 시도가 나타나자 건축계에서도 양식을 거부하는 변화의 바람이 불었다. 이런 시도는 현대 건축 이후 보편화되어 교육·여행·사진·출판물 등 다양한 네트워크를 통해 서로 영향을 주고받으며 전 세계로 퍼져 나갔다. 특히, 2000년대 이후 대두된 온라인 네트워크는 건축의 세계화에 새로운 지평을 열어 주었다. 전 세계 모든 정보와 자료가 실시간으로 공유되는 세상에서, 건축도 지역적·물리적 거리를 넘어 디자인 트렌드의 산물이 되었다.

## 구축 방식에서 오는 아름다움

건축만이 갖는 고유한 미를 생각해 보면 가장 기본적인 부분은 기하와 구축이라 할 수 있다. 피라미드와 판테온의 기하학적 형태부터 르 코르뷔지에(Le Corbusier)의 황금비를 넘어 최근 디지털 알고리즘을 활용한 건축물에 이르기까지, 건축은 완벽한 비율이 만들어 낸 절대미를 추구해 왔다.

건축에는 '구축미(Tectonic)'라는 개념이 있다. 앞서 설명했듯 재료와 재료가 만나 적절한 방식으로 엮이고 쌓여 하나의 집합체로 만들어질 때 이런 미감이 생긴다. 건축 이론가 케네스 프램튼(Kenneth Frampton)은 이를 '건축의 시학(Poetics of Construction)'이라 표현했다. 벽돌 하나하나를 올리는 다양한 방식을 탐구했던 로마 시대의 벽돌 쌓기부터 중력이 만들어 낸 가장 자연스러운 형태인 안토니 가우디(Antoni Gaudí)의 '카터너리 커브(Catenary curve)', 최근 로봇을 활용해 건축재를 자르고 접고 엮는 디지털 패브리케이션까지, 구축 방식이 만드는 구축미는 건축만이 제공할 수 있는 특별한 미감이다.

## 공간이 주는 직관적인 아름다움

회화는 물감과 붓으로 캔버스에 아름다운 장면을 담고, 조각은 망치와 정으로 대리석을 깎아 정교한 디테일을 표현한

▶ 바르셀로나의 사그라다 파밀리아 성당(Sagrada Familia) 내부.
지극히 자연스러운 중력이 만들어 낸 가우디의 '카터너리 커브'를 뒤집어 활용했다.
방문객들에게 형언할 수 없는 아름다움을 선사한다.

다. 건축에서 표현의 대상은 건축 요소들이다. 그 요소는 다양하다. 벽과 기둥·지붕과 바닥·창과 문·발코니와 테라스·계단과 슬로프(Slope)·조명과 조경 등 모든 물리적이고 환경적인 요소가 모여 건축물을 만든다. 각각의 요소를 고정된 관습적 형태와 용도에서 벗어나 제로 베이스에서 새로운 관점으로 바라볼 때 모든 건축 요소를 다채롭고 훌륭하게 표현할 수 있다.

이런 건축 요소들이 입체적으로 조합되어 공간을 만든다. 공간미는 요소들의 집합체를 넘어 빛과 소리 등 오감으로 느껴지는 감흥을 준다. 모더니즘 건축에서는 빛과 그림자의 음영을 이용한 공간 표현을 중요시했으나 요즘 건축에서는 이를 넘어 다양한 재료의 매력이 더해져 직관적인 공간미를 추구한다.


쓰임새와 프로그램에서 오는 아름다움

마지막으로 건축미의 특수성을 만드는 것은 장소와 프로그램이다. 다른 예술 분야와 달리 건축은 장소의 영향을 많이 받는다. 건축가들은 때로는 장소에 조화롭게 종속되는, 때로는 장소에 반하여 대비되는 건축물을 만든다. 지역과 장소를 고려하는 것은 건축가에게 주어진 숙제와 같다. 건축은 백색 미술관 내에 전시되는 작품이 아니며 항상 그 배경이 있기에, 창작 과정에서 깊이 숙고해야 좋은 건축 디자인을 할 수 있다.

건축은 또한 요구 조건에 대응하는 결과물이다. 주거와 상업, 공공 이익 등 각 프로젝트마다 요구되는 프로그램과 조건이 있고, 이를 잘 담는 그릇이 되어야 존재 가치를 인정받는다. 물론 현대 건축에서는 건축물의 모습이 용도에 따라 규정되지 않고 얼마든지 자유롭게 개성을 드러낼 수 있다. 도서관도 카페 같을 수 있고, 백화점도 미술관 같을 수 있다.

▶ 오스트리아 그라츠의 쿤스트하우스(Kunsthaus).
주변 도시 환경과 조화를 이루어야만 좋은 건축물일까? 때때로 우리에게는 주변과 대비되는 새로운 '부조화'의 아이콘이 필요하다.

그러나 동선·접근성·조망·채광 등 건축의 기본적인 요소들은 언제나 건축미를 결정하는 중요한 기준이 된다.


## 소통과 공감이 필요하다

건축가에게 건축미는 하나로 정의될 수 없다. 앞서 정리했듯이 양식과 문화·기하와 구축·건축 요소와 공간·장소와 프로그램 등 다양한 관점에서 바라보게 된다. 이제 다른 질문들이 남는다. 그렇다면 아름다움은 주관적이고 상대적인 걸까? 아니면 객관적이고 절대적인 걸까? 종종 어떤 건축물은 내 눈에만 좋아 보이고, 다른 사람들 눈에는 안 좋아 보이기도 하지 않는가? 이렇게 개인적인 기준에 따라 다른데 과연 보편적으로 점수화해 객관적인 평가가 가능할까?

설계 공모전에서 심사하거나 학교에서 학생들을 평가하다 보면, 많은 이가 정성 평가에 의문을 갖는다. 나 역시 내가 제출한 안이 좋은 성적을 거두지 못하면 평가의 객관성부터 의심한다. 공정이라는 가치가 중요하게 여겨지는 사회의 흐름과 정량 평가에 익숙한 우리 교육 현실상 건축 디자인의 정성 평가 관행은 납득하기 어렵다. 무엇이 아름답고 그렇지 않은지에 대한 논쟁은 지금도 끊이지 않는다.

그러니 절대미에 대한 믿음, 정답이 있다는 생각은 버리자. 건축은 절대미와 정답을 찾는 과정이 아니다. 장소와 상

황에 더 잘 어울리는 설득력 있는 안을 만들고 평가하는 과
정이다. 건축미에는 완전한 상대성도, 완전한 절대성도 없
다. 기하·구축·공간·장소·프로그램 등 여러 요소가 보편적
평가의 잣대이며, 평가자의 경험도 판단 기준이 된다. 그러
니 모든 평가에는 상대성과 주관성이 개입될 수 있다. 그래
서 정성 평가에는 충분한 숙의와 토론, 그리고 다른 이들과
의 소통과 공감이 선행되어야 한다.

# 전문가의 영역, 디자인

건축도 디자인의 한 갈래일까? 통상적으로는 건축을 디자인의 범주로 본다. 디자인은 크게 보면 실용적인 목적을 두고 무언가를 창조하는 행위라고 할 수 있다. 그러나 그 분야와 범위가 워낙 넓고 다양해 일반화해 정의하기는 어렵다. 건축 디자인은 사회와 직접적인 관계를 맺고 있어 공공성·지역성·시대성·친환경성 등 관점에 따라 평가가 달라진다. 최근에는 디자인이 여론과 대중의 시각에 순응하며 쉽고 보편적으로, 그러나 개성 없이 일반화되는 경향이 있다.

특히 '착한 디자인'이라는 표현은 이미 너무 많은 사회·경제적 관점을 내포하고 있어 디자인 자체의 심미적 가치를 평가하기 어렵게 한다. 그 결과 디자인은 점점 대중적이고 보편적인 수준에 머무르고 있으며, 새롭고 도전적인 디자인은 설 자리를 잃었다. 건축가는 전문가 입장에서 외적 요인을 배제하고 순수하게 디자인 자체만 바라보고 생각해야 한다. 대중 입장에서도 건축가의 전문성을 이해하고 존중하면 좋겠다. 무엇보다 좋은 디자인은 무엇인지 서로 소통해야 한다. 건축 디자인 트렌드를 이해하기 위해 그 흐름과 이면을 살펴보자.

## 자연을 닮은 반복적인 디자인

인간은 조물주의 산물인 자연에서 아름다움을 느낀다. 자연은 그 어느 부분도 동일하지 않은 다채로운 모습을 하고 있다. 기계화로 인한 대량 생산의 시대를 지나 맞춤형 생산이 가능해진 오늘날까지, 건축계에서는 발전하는 기술을 바탕으로 자연을 본뜬 다양한 디자인을 꾸준히 시도해 왔다.

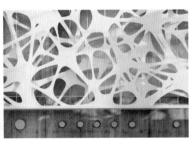

▶ 도쿄의 에어스페이스(Airspace) 파사드.
각기 다른 모듈이 모여 만들어졌다.

▶ 뉴욕현대미술관에 설치되었던
듄스케이프(Dunescape).
동일한 부재를 반복적으로 배치해
동적인 흐름을 만들었다.

인간의 사고는 정적인 환경에서 점차 동적인 방향으로 변화했다. 19세기 사진의 발명 이후, 모더니즘 시대에 에드워드 마이브리지(Eadweard Muybridge)는 '모션 픽처(Motion Picture)'를 통해 연속된 움직임을 포착하는 방법을 개발했고 이는 영상 매체의 시작점이 되었다. 최근 급속히 발달한 인터넷 기술도 기존의 정적인 환경에서 동영상 위주의 동적인 환경으로 변화를 촉진했다. 건축에서도 동일한 개체의 반복으로 동적인 흐름을 표현하려는 시도가 주목받고 있다.

## 중력에 저항하는 디자인

기본적으로 건축가들이 만든 구조물은 중력에 저항하여 서 있다. 구조물을 세우기 위한 기둥과 보 그리고 그 위를 덮는 지붕은 가장 원초적인 디자인 요소였다. 고대 건축물은 이런 기본 요소를 바탕으로 만들어졌고 이 요소들을 활용하고 잘 살린 디자인이 오늘날까지 이어져 오고 있다.

반대로 건축은 중력에 순응하는 구조를 활용하기도 한다. 스페인 건축가 가우디는 카터너리 커브를 이용해 중력에 순응하는 '매달린' 구조를 고안했고, 이를 활용해 사그라다 파밀리아 성당을 비롯한 다양한 건축물을 설계했다. 매달린 구조의 자연스러운 곡선은 오늘날까지도 건축 디자인에 계속 쓰이고 있다.

▶ 가우디의 매달린 체인 모형(Hanging Chain Models).
가우디는 자연의 섭리를 따르는 가장 이상적인 형태 카터너리 커브를 찾아내 이를 뒤집은
구조로 건축물을 설계했다.

한편, 중력에 저항하여 서 있지만 매달린 듯한 건축물도 있다. 자하 하디드(Zaha Hadid)가 설계한 '헤이다르 알리예브 센터(Heydar Aliyev Cultural Center)'는 흘러내리는 듯한 거대한 곡면 외벽이 마치 중력을 거슬러 서 있는 것처럼 보인다. 형태 자체만으로 육중한 건물의 무게감을 완전히 없애고 가볍게 떠 있는 인상을 준다.

▶ 아제르바이잔 바쿠의
헤이다르 알리예브 센터.
거대한 건물이지만 흘러내리는
듯한 형태를 활용해 건물의
무게감을 덜고, 가볍고 산뜻한
인상을 준다.

## 인공과 자연 사이의 디자인

건축 디자인의 기원은 자연에서 찾아볼 수 있다. 바로크 시대의 건축 이론가 로지에는 원시 시대의 오두막집과 같은 자연 그대로의 형상이 건축이 지향해야 할 이상적 모습이며 그 자연미가 건축의 절대미라 주장했다.

모더니즘 시대에는 단순한 기하학적 요소를 활용한 추상적인 표현이 등장했다. 건축가들은 벽과 슬래브(Slab), 기둥 등의 요소로 만든 공간과 그 안의 빛과 그림자에 집중했고, 하나의 건축물은 이 모든 것이 어우러져 만들어진 추상적 결과물로 평가받았다. 포스트모더니즘을 주창한 로버트 벤츄리(Robert Venturi)는 이런 모더니즘 건축물을 '오리 하우스(Big Duck)'에 비유하며 인위적이고 가식적이라 비판했다.

▶ 뉴욕 롱아일랜드의 오리 하우스.
벤추리는 자신의 저서 『라스베이거스의 교훈(Learning from Las Vegas)』에서 인위적인 형태를 추구하는 모더니즘 건축을 오리 하우스에 빗대어 풍자했다.

한편, 현대 건축에는 누가 봐도 인위적이지만 동시에 자연의 일부인 듯한 디자인도 나타났다. 자유롭고 실험적인 디자인을 꾸준히 해 온 프랭크 게리(Frank Gehry)는 어떤 건축가보다도 자연스럽고 흥미로운 건물들을 디자인했다. 스틸·유리·콘크리트 등 인공 재료의 특성을 있는 그대로 활용하되 극단적인 자연 형태로 만들어 냈다.

## 디자인에 담론이 필요하다

이렇게 건축 디자인에는 현재의 미적 감각을 넘어 역사적인 기원과 숨은 뒷이야기가 있다. 뛰어난 디자인이란 그 시대에 공감을 얻고 유행을 선도하는 디자인이다. 많은 경험과 지식을 바탕으로 디자인을 보고 그 가치를 판단하는 전문적인 시선이 필요하다. 이에 대한 논의도 아주 중요하다. 어쩌면 이는 당연한 이야기지만 우리의 현실은 그렇지 못하다.

일부 지자체에서 시민 투표로 디자인을 결정하는 경우를 종종 본다. 혹은 해당 분야 외의 전문가를 수십 명 모아 놓고 까다로운 심의를 거쳐 디자인을 선정하기도 한다. 민주주의 사회에서 시민들의 관심과 참여 의식을 높인다는 취지에는 일부 공감한다. 공공 디자인 심의를 통해 도시 미관을 가꾸겠다는 말에도 어느 정도 동의한다.

그러나 그것이 과연 좋은 방향일까? 시민에 의해 결정됐고 복잡한 심의 과정을 거쳤다는 허울뿐인 명분을 좇는 건 아닐까? 디자인은 다수결로 결정하는 민주주의가 아니다. 각 분야 전문가들이 모여 결정한다는 디자인 심의도 그 속성상 가장 보수적이고 변화가 적은, 보편적 디자인으로 귀결되기 마련이다. 심의는 기본 수준 이하의 디자인을 걸러 내기 위한 사회적 정제 장치지, 권위로 규제하는 자리가 아니다. 무거운 심의 과정은 창의적 디자인을 근본적으로 억제하고 유행에 편승하거나 가장 무난한 디자인을 양산해 결국 질적 수준을 하향 평준화한다.

디자인은 전문 영역이다. 건축 디자인도 전문 분야다. 디자인 투표와 심의는 폐지해야 한다. 시대를 앞서는 세계적인 디자인이 나오려면 새로운 실험과 도전이 밑받침되어야 한다. 이는 단순히 즉흥적인 대중성이 아닌 해당 분야의 전문적 담론과 진지한 평가를 통해 탄생할 수 있다. 이런 전문성에 대한 사회적 존중과 대중과의 소통이 함께할 때 우리 건축 디자인도 한 걸음 나아갈 수 있다.

# 매체는 끊임없이 변화한다

건축가는 건축물을 만드는 사람일까? 그렇다면 구체적으로 어떤 일을 할까? 건축 과정은 크게 '설계'와 '시공'으로 나눌 수 있다. 건축가는 건축물을 설계하는 사람이지 시공하는 사람은 아니다. 여기서 설계란 건축가의 업역(業域)으로, 디자인·구조·환경·공사 등을 모두 고려해 건축물을 짓기 위한 계획을 뜻한다. 일반적으로 건축물 하나는 그 규모가 크고 짓는 비용이 워낙 많이 들어 설계 과정에서 실물 크기로 미리 만들어 볼 수 없다. 직접 만들어도 제한적이고 부분적인 목업(Mock-up, 구조체를 만들 때 일부분이나 전체를 모형으로 만들어 보는 작업)을 해 볼 수 있을 뿐이다.

건축 설계는 건축물을 상상하고 구체화하고, 그 계획으로 누군가를 설득하며, 그 계획을 직접 시공할 누군가에게 효과적으로 전달하는 과정이다. 즉 건축 설계는 직접 만든다기보다 계획하고 전달, 소통하는 일이라 할 수 있다. 이런 관점에서 건축 설계의 일차적인 결과물은 건축물이 아닌 '미디엄 (Medium)', 즉 전달 매체다. 건축가가 만드는 미디엄은 다양하다. 모형·도면·다이어그램·투시도·동영상 등 다양한 매체를 통해 상상하고 계획한 건축물의 모습을 전달한다.

## 가장 기본적인 건축 표현법

스케치나 다이어그램은 건축 계획을 표현하는 도구다. 주로 건축주와 대중을 설득하기 위한 매체로, 감각적이면서도 논리적으로 그려야 한다. 특히 스케치는 건축의 가장 전통적인 매체로, 건축가는 그 안에 아이디어를 함축적으로 담아 감각적으로 표현한다. 훌륭한 건축가의 스케치는 그 자체로 하나의 작품이 된다.

다이어그램은 최근 건축에서 두드러지게 나타난다. 철학자 질 들뢰즈(Gilles Deleuze)는 다이어그램을 '추상적인 기계 (Abstract Machine)'라 했다. 다이어그램은 공간의 프로그램과 건축 요소들의 내재적인 속성을 보여 주는 건축 표현 방식으로 많은 건축가에게 영감을 주었다. 요즘 건축이 디지털화되고 대중화되면

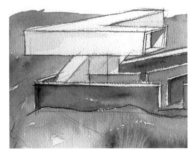

▶ 미국 건축가 스티븐 홀이 그린 중국 장쑤성 난징의 스팡 현대 미술관(Nanjing Sifang Art Museum) 스케치.

서 다이어그램에 기반하거나 이를 활용하는 경향은 더욱 짙
어지고 있다.

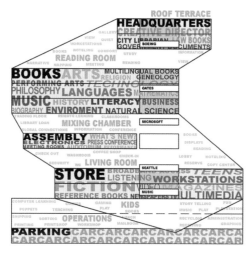

▶ 네덜란드 건축가 렘 쿨하스가 이끄는 OMA 건축사무소에서 설계한
미국 시애틀 중앙 도서관(Seattle Central Library) 다이어그램과 그 실제
결과물.

시대에 따라 변화하는 도면

　도면은 '청사진'이란 의미로 대표되듯 건축 계획을 보다 사
실적으로 전달하고 실현하기 위해 반드시 필요한 매체다. 특
히 평면 공간의 프로그램과 동선, 규모와 치수를 있는 그대
로 전달한다. 또한 누군가를 설득하기 위한 객관적 근거이자
실제로 만들기 위한 기초 자료다. 따라서 도면은 건축주·설
계자·시공자 모두에게 가장 중요한 매체다.

　도면을 그리는 방식도 시대에 따라 달라진다. 수치 같은
객관적인 정보를 전달한다는 의미는 같지만, 2차원적 표현
에 익숙했던 과거와 3차원적 표현에 익숙한 현재의 건축 도
면은 다르다. 과거 입면도에 의존하던 시대에는 건물 파사드
의 평면적인 장식이나 황금비 등 기하학적 비율에 근거한 비
례감이 중요하게 여겨졌다. 그러나 3차원이 더 익숙한 요즘
디자인에서 단면과 입면의 의미는 줄어들었다.

▶ 전통적인 2차원의 프랑스 샤르트르 대성당
(Chartres Cathedral) 도면.

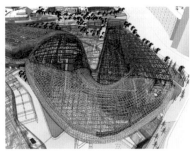

▶ 3차원으로 그린 서울 DDP 도면.

## 갈 곳을 잃은 모형

모형은 모더니즘 건축에서 가장 중요한 매체였다. 모더니즘 건축물과 공간에는 입체감 표현이 중요했기 때문이다. 그래서 모더니즘 건축가들은 각각 필요에 따라 스케일이 다른 모형을 만들고, 그 모형을 들여다보며 실제 공간을 상상하고 계획했다. 근대까지 전형적인 설계 사무소 풍경은 책상 위에 잘 만들어진 모형이 전시된 모습이었다.

그러나 건축이 점차 디지털화되며 모형이 갖는 가치에도 변화가 생겼다. 대부분 디자인 작업이 3차원 디지털 프로그램으로 진행되어 모형보다 실제 공간을 훨씬 잘 전달할 수 있게 됐다. 다양한 재료, 여러 표현이 들어가는 입면과 실내 공간을 순백의 모형으로만 표현하기엔 한계가 있다. 레이저 커팅, 3D 프린팅 등으로 손쉽게 모형을 만들어 낼 수 있게 되자 종이·자·커터 칼과 접착제로 만들던 전통적인 모형은 점차 설 자리를 잃어 갔다.

▶ 르 코르뷔지에가 설계한 빌라 사보아 (Villa Savoye) 모형.

▶ 3D 프린팅 기술을 이용해 만든 뉴욕의 사립대학교 쿠퍼 유니언(The Cooper Union) 모형.

## 건축물의 시각적 표현, 투시도

투시도는 건축물을 눈에 보이는 형상 그대로 그린 그림으로, 요즘 건축에서 매우 중요한 매체다. 그 기원은 르네상스 시대까지 거슬러 올라간다. 필리포 브루넬레스키(Filippo Brunelleschi)에 의해 최초로 원근법이 쓰인 후, 섬세한 선으로 스케치한 투시도가 등장했다. 그러나 당시에는 건축적 표현 매체로 많이 활용되지 못했다. 근대 건축가들은 종종 라인 드로잉 투시도를 그렸으나 색감까지 표현한 자세한 투시도는 전문 화가에게 외주를 맡기곤 했다.

그러나 요즘은 3차원 디지털 도구가 보편화되어 투시도가 많이 그려진다. 모델링과 렌더링은 설계 사무소의 일상적인 업무가 되었고, 모든 건축가의 설계 작품은 투시도로 표현될 수 있다. 특히 최근에는 실시간 렌더링 도구를 활용해 바로바로 그 자리에서 예상도를 그린다. 그래픽 기술을 활용해 완성된 공간 이미지를 만든다. 온라인 웹진과 핀터레스트 등

▶ 폴 루돌프가 설계한 예일대학교 루돌프 홀 투시도.

▶ 헤르조그 앤 드 뫼롱의 독일 함부르크 엘프 필하모니 콘서트 홀(Elbphilharmonie Concert Hall) 투시도.

소셜 네트워크에서 건축이 이미지로 퍼져 나가며 이런 경향
은 세계적인 추세로 자리잡고 있다.


## 새로운 매체, 동영상

위에서 언급한 모든 매체의 목표는 공간을 실제처럼 생동
감 있게 전달하는 것이다. 실제 같은 이미지들에서 한 단계
나아가 이제 동영상까지 건축 설계 매체로 등장하고 있다.
실제 공간을 돌아다니는 듯한 간접 체험을 선사하는 동영상
제작과 가상 세계를 현실처럼 느끼게 하는 VR 구현은 미디
어로서 건축 작업의 궁극적인 목표가 될지도 모른다.

오늘날 건축가들뿐만 아니라 누구나 쉽게 동영상 작업을
할 수 있다. 영상 매체를 활용해 건축물을 표현하는 경향은
앞으로 더욱 빠르고 넓게 퍼져 일반화될 것이다. 유튜브, 넷
플릭스 등 동영상 플랫폼은 우리 일상에 매우 익숙하게 파고
들어 있다. 이는 건축계에도 예외가 아니다.


## 변화하는 매체의 수용이 필요하다

건축은 미디엄 또는 매체라고 할 수 있다. 미디엄은 시대
에 따라 변한다. 변화의 속도는 점점 빨라지는 듯하다. 우리
가 주목할 부분은 매체에 따라 설계 내용도, 계획 방식도 변

화한다는 것이다. 모형을 기반으로 설계하는지, 투시도를 기반으로 설계하는지에 따라 그 내용과 방향은 모두 달라진다.

건축 교육계도 이를 인정해야 한다. 실무 현장에서는 더 이상 모형을 만들지 않고 투시도만을 기반으로 한 설계 작업이 진행되고 있는데, 일부 건축 교육은 아직도 전통적인 모형 만들기에 집착하고 있다. 학생을 비롯한 젊은 세대는 실시간 렌더링과 동영상에 익숙한데 왜 아직도 공공 현상 설계에서는 특정 프로그램만 사용하라며 표현의 제약을 두는가? 건축의 매체적 속성을 어떻게 이해하고 받아들이냐에 따라 우리 사회의 건축이 시대의 흐름에 앞서가는지, 뒤처지는지가 결정될 것이다.

20세기 초,
건축이 빠르게 변화를 받아들이고
패러다임을 바꾸어 성공했듯이,
21세기를 사는 우리에게도
새로운 패러다임이 필요하다.

► 고민

# 2장
# 넓게 생각하기

건축과 건축가는 세상에
어떤 영향을 끼치고 있을까?
건축과 다른 영역의 접점을
폭넓게 고민해 본다.

# 무궁무진한 건축가의 세계

건축가는 무엇을 하는 사람일까? 사전적으로 '건축가'란 건축에 대한 전문 지식과 기술이 있는 사람, 대지 분석·건축 설계·구조 계획·공사 감리 등을 모두 하는 사람을 뜻한다. 우리나라에서 건축가는 건축사·설계사·설계업자·건축 디자이너 등 다양한 말로 불린다. 그러나 직업의 의미와 역할은 사회와 시대에 따라 끊임없이 변한다. 새로운 직업이 생겨나기도 하고, 존재했던 직업이 도태되어 사라지기도 하며, 그 역할이 조금씩 달라지기도 한다. 건축가라는 직업도 오랜 시간 지속적으로 변해 왔고 그 변화는 현재 진행형이다.

## 종교와 권력을 따르는 사람

문명이 탄생한 이래, 건축은 처음부터 권력과 종교에 종속되어 있었다. 당시 건축이란 공공시설이나 주택이 아닌, 신전과 궁전 등 기념비적인 공간을 만드는 일에 국한되어 있었다. 권력자들은 더 크고 높은 건물을 지어 그들의 이상을 표출하고 사회를 지배하기 위한 물리적 도구로 활용했다. 따라서 건물의 형태를 만들고 계획하는 일은 지배자의 욕망 혹은 사상을 담는 중요한 일이었다.

고대 이집트 피라미드와 거대 신전을 설계한 인류 최초의 건축가는 '임호테프(Imhotep)'라고 알려져 있다. 고대 이집트의 제사장인 그는 권력과 신앙의 도구로 건축을 이용했다. 성서에 나오는 '바벨탑'은 하늘에 닿으려는 인간의 욕망을 상징하며 현대의 마천루에도 종종 비유된다. 중세 시대에 지어진 수많은 교회와 성당의 평면은 십자가 모양을 하고 있고, 하늘로 뻗은 높고 뾰족한 첨탑에 일관된 종교 사상을 담았다. 자연 속에 지은 한국의 서원은 계급에 따라 칸수를 달리하며 성리학 사상을 담았다. 이런 건축물 중 다수는 누가 지었는지 알려지지 않은 채 사상과 종교, 권력을 담고 고고히 남아 있다.

## 서양의 장인, 동양의 대목

건축가는 영어로 '아키텍트(Architect)'다. 그 어원을 거슬러 올라가면 '우두머리(Archi)'와 '만드는 일(Tecton)'이 있다. 과거에 건축가는 회화·조각·장식 등 예술 작품을 만들던 장인

중 우두머리를 의미했다. 중세 시대까지도 건축가라는 별도의 직업은 존재하지 않았고 뛰어난 소수의 엘리트 예술가들이 건축 분야까지 영역을 넓혀 활동했다. 우리가 잘 아는 레오나르도 다 빈치와 미켈란젤로 부오나로티, 필리포 브루넬레스키 등 많은 예술가가 화가이자 조각가, 발명가이자 건축가였다.

한국과 동양 건축에서도 우리가 흔히 생각하는 건축가라는 직업은 없었다. 과거 한국 건축은 목조와 전통 양식에 기반을 두었다. 예술적 창의성보다 목수의 손재주와 장인정신이 중요했다. 굳이 따지자면 목수의 우두머리인 '대목(大木)'이 건축가였다고 볼 수 있는데, 이는 서구의 장인과 크게 다르지 않았다.

## '건축가'의 탄생

중세 유럽은 길드가 생겨나고 예술이 꽃피는 시대였다. 당대 건축도 다른 분야와 마찬가지로 도제식 길드로 전파되고 그 문화가 이어져 내려왔다. 그러나 18세기 이후 산업혁명 시대에 건축은 더 이상 정치와 종교의 도구가 아니라 자본과 부의 산물이 되었다. 주택·회사·공장·극장 등 다양한 시설에 건축가의 설계가 요구되었고, 건축 기술이 본격적으로 필요해졌다. 그 과정에서 기존 길드 문화는 몰락하고 건축도

▶ 전문적인 건축가 양성의 시초가 된 에콜 데 보자르 수업 장면. 건축뿐만 아니라 그림, 조각 등 예술의 전 분야를 다뤘다.

다른 예술 분야와 마찬가지로 학교 교육 과정에 편입되었다.

프랑스의 '에콜 데 보자르(École des Beaux-Arts)'는 17~19세기 서구에서 가장 번성했던 예술 학교로, 그림·조각·건축 등 모든 분야를 다뤘다. 주로 전통적인 양식에 관한 내용을 가르쳤으며, '보자르(Beaux-Arts)' 스타일 등 고급 엘리트 건축 문화를 주도해 갔다. 이때부터 본격적으로 건축가라는 직업도 생겨나기 시작했다. 그러나 여전히 건축을 예술의 일부이자 잉여자본을 소비하기 위한 활동으로 보았다.

## 바우하우스와 건축 디자이너

20세기 모더니즘 시대에 들어 산업적으로는 소비재의 대량 생산, 사회적으로는 민주주의가 보편화됐다. 일반 디자인과 마찬가지로 건축계에서도 효율성과 경제성이 중요해졌고, 건축가의 업역은 자연스레 아파트와 주민 시설, 서민 주

▶ 독일 데사우의 바우하우스.

▶ 바우하우스에서 디자인한 가구들.
바우하우스는 모든 디자인 영역을 망라해
교육하며 근대 디자인의 시대를 열었다.

택까지 광범위해졌다. 비싸고 고급스러운 건축물뿐만 아니라 땅 위에 지어지는 모든 건물이 건축의 대상이 됐다.

독일의 '바우하우스(Bauhaus)'는 20세기 초 대중 디자인의 시초를 열었다. 건축가 발터 그로피우스(Walter Gropius)에 의해 설립된 학교로, 모더니즘 시대정신에 부합하는 예술·건축·타이포그래피 등 전 분야를 교육했다. 생활과 밀접한 대중 디자인을 포괄해, 건축도 경제적이고 기술적이며 대중적인 측면을 모두 갖춘 디자인의 한 축으로 다루기 시작했다는 점에서 의의가 있다.

## 일에 대한 성찰이 필요하다

건축의 의미는 권력과 신앙의 표현, 예술의 한 분야, 근대 잉여자본 소비의 도구, 대중적인 디자인 등 시대에 따라 다양하게 변해 왔다. 당연히 시대마다 건축가의 역할도 달랐

나. 지금까지도 그 여러 역할은 사라지지 않고 때에 따라 통용되고 있으며, 가끔은 상황에 맞지 않게 혼용되어 오해를 불러일으키기도 한다.

건축가라는 직업은 하나로 정의할 수 없다. 어떤 건축가는 예술적인 활동을 하고, 어떤 건축가는 돈과 권력을 좇으며 충실하게 서비스를 제공한다. 건축가들은 때로는 멋진 미감을 보여 주는 디자이너고, 사회적으로는 건축사 자격증으로 대변되는 전문가 집단이다. 상황이 이러하니 건축가라는 직업이 현실에서 건축가·설계사·설계업자·건축 디자이너·건축사 등으로 다양하게 불리는 게 이상한 일이 아니다.

이제는 4차 산업혁명의 시대다. 각종 새로운 분야가 빠르게 성장하고 있으며 사람들은 그 기술과 문화를 숨가쁘게 따라간다. 건축가라는 직업과 새로운 기술을 조금만 엮으면 공간과 관련 있는 일을 무엇이든 할 수 있다. 이미 건축은 우리 주변의 조형물부터 건물 안의 가구 배치, 건물 외장재 제작, 더 나아가 가상 현실까지 입체적인 디자인이 필요한 모든 영역으로 뻗어 나가고 있다. 건축가에게 요구되는 일은 지속적으로 확장되고 있다.

건축가를 보는 시선을 조금은 바꿔 보면 어떨까? 건축가를 건축물을 설계하는 사람으로만 보지 말자. 건축가들 스스로도 건축물을 설계하는 사람으로만 규정짓지 말자. 건축가의 일을 설계로 한정하고, 인허가를 내고 준공 검사를 하는 전문직으로만 본다면 건축가는 건축 시장이라는 틀에 갇히게 된다. 건축가가 할 수 있는 일은 무궁무진하다. 다가올 시대에 우리 사회에서 건축 지식과 경험으로 무엇을 할 수 있는지, 어떤 건축가가 되어야 할지 고민하고 성찰해야 한다.

# 건축가, 미래를 그리다

"스케치라도 좀 해 주실 수 있을까요?"

흔히 사람들은 건축가에게 어떤 땅을 보여 주고 멋진 그림을 그려 달라고 요청한다. 그 땅에 무엇을 할 수 있는지 미리 보고 꿈꾸고 싶어 한다. 꿈과 이상을 보여 주는 것은 건축의 중요한 역할 중 하나다. 개인에게는 그의 꿈과 야망을, 도시와 사회에는 공동체의 이상과 비전을 보여 준다. 건축가는 현실에 필요한 실용적인 공간을 만드는 설계자이자 더 나은 미래를 그려 주는 이상주의자다.

미래 지향적인 건축은 시대와 사회에 맞춰 항상 존재해 왔다. 건축의 역사 속에 우리 선조들이 상상했던 미래, 그들이 꿈꾼 실험적인 이상향을 살펴보는 일은 매우 흥미롭다. 이런 실험적인 건축 대부분은 당대에 실현되지 못했지만 사회와 건축계에 지속적으로 영향을 미쳐 가깝고 먼 미래에 그대로 또는 유사하게 구현되기도 한다.

## 그들이 꿈꿨던 이상

과거 사람들이 꿈꿨던 이상향은 어떤 모습이었을까? 르네상스 시대, 기능적으로 완벽한 유토피아를 만들려던 야심 찬 시도가 있었다. 사람들은 모든 요소를 기하학적으로 패턴화해 완벽하게 합리적인 도시 모델을 구현하고자 했다. 새로운 이상향을 만들려는 시도는 상상에만 그치지 않았고 실제로 여러 사례를 남겼다.

이탈리아 북동부에 위치한 '팔마노바(Palmanova)'는 1593년 베네치아 공화국에 의해 세워진 별 모양 요새 도시다. 중앙 광장을 중심으로 방사형으로 뻗은 도로와 건물이, 외곽에는 성벽과 망루가 위치한다. 각 공간은 기능적으로 완벽히 정리되어 계획되었다. 이런 계획형 이상 도시를 건설하려는 시도는 이후에도 지속적으로 나타났다. 그러나 대부분 공간적 다양성과 역동성을 잃어 단조로워지고, 결과적으로 실제 사람들이 거주하고 생활하기엔 적절하지 않아 유토피아와는 거리가 먼 공간이 되었다.

그렇다면 완벽하고 이상적인 건축은 어디에서 찾을 수 있을까? 18세기 말 프랑스 혁명과 계몽주의가 떠올랐던 격변의 시대, 건축 분야에서도 이상을 좇

▶ 이탈리아 북동부의 팔마노바 계획도. 과거 르네상스 시대에는 도시의 요소를 기하학적으로 패턴화해 이상적인 구조로 만들려는 시도가 있었다.

으려는 시도가 두드러지게 나타났다. 신고전주의에서 더 나아가, 당시 건축가들은 고전적 어휘에서 기하학적인 요소를 차용해 혁신적인 형태와 공간을 제안하기에 이른다. 기존 고전 양식을 줄이고 원과 돔, 아치 등 단순 기하학에 집중해 새로운 조합이나 엄청난 스케일의 공간을 만드는 혁신적인 건축이 시작되었다.

대표적으로 클로드 니콜라 르두(Claude Nicolas Ledoux)와 에티엔느루이 불레(Étienne-Louis Boullée)를 들 수 있는데, 이들은 각각 〈이상 도시 쇼(Ideal City of Chaux)〉와 〈뉴튼 기념관(Cénotaphe à Newton)〉 등 당시로서는 상상하지 못했던 혁신적인 건축 디자인을 보여 줬다. 그들의 작업은 현재는 페이퍼 아키텍처로 그림만 남았으나, 건축계에 두고두고 영향을 끼쳐 백여 년 후 모더니즘의 씨앗이 되었다고 볼 수 있다. 현재까지도 많은 건축가가 이들의 작품을 인용한다.

▶ 에티엔느루이 불레의 〈뉴튼 기념관〉.
기존 고전 양식을 줄이고 단순 기하학에 집중했던 혁신적인 건축이다.

## 불안과 기대 속 미래주의

불안과 기대는 사람들로 하여금 미래를 그리게 한다. 정치·사회적 상황이 혼란하고 불안하면 이상향에 대한 욕구는 더욱 치솟기 마련이다. 20세기 초 이탈리아에서는 진보적이고 역동적인 표현을 강조하는 미래주의(Futurism) 예술 사조가 출현했다. 이와 마찬가지로 당시 혁신적이었던 기계 문명의 역동성과 속도감을 새로운 진보적 도시의 모습으로 승화해 표현한 미래주의 건축도 유행하기 시작한다.

이탈리아 건축가 안토니오 산텔리아(Antonio Sant'Elia)는 〈새로운 도시(La Città Nuova)〉라는 작품에 역동적이고 가벼운 도시를 그렸다. 이 그림에는 사선과 캔틸레버, 노출 구조와 반복적인 요소, 입체적인 인프라스트럭처와 건물의 결합 등 백여 년 전 당시에는 상상하기조차 어려웠던 공상 과학 영화 같은 새로운 도시가 표현되어 있다. 이렇게 기술 혁신이 가져오는 새로운 건축과 도시의 개념은 이후 지대한 영향을 미쳐 현대 건축에도 계속해서 나타난다.

▶ 안토니오 산텔리아의 〈새로운 도시〉. 백여 년 전 당시로서는 상상하기조차 어려운, 공상 과학 영화에나 나올 법한 도시 모습이다.

기술 발전은 1960년대 산업화와 자본주의의 급성장과 함께 도시의 물리적인 외형을 넘어 새로운 사회 시스템을 향한 욕망으로 승화되었다. 그 결과, 사람들은 당시의 하이테크 (High-Tech)·인프라스트럭처·모빌리티 기술 등에서 진화한 극단적 기술주의로 도시의 관계를 재정의하는 '그리드(Grid)' 와 '메가 스트럭처(Mega Structure)' 등의 새로운 세상까지 꿈꾸게 된다.

1960년대 영국의 진보적인 건축 그룹 아키그램(Archigram) 은 〈플러그인 시티(Plug-In City)〉, 〈워킹 시티(Walking City)〉 같은 프로젝트로 기계화되고 모듈화된 도시를 보여 주었다. 도시가 하나의 지능화된 로봇 시스템처럼 유기적으로 움직

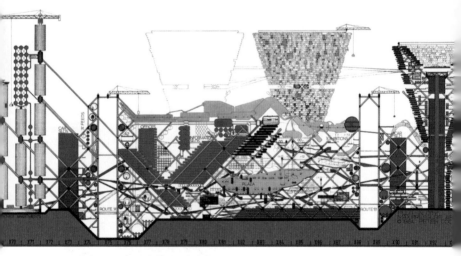

▶ 피터 쿡(Peter Cook)의 〈플러그인 시티〉.
모든 도시의 구성 요소를 프로그램화해 필요에 따라 꽂고 뽑으며 유동적으로 활용할 수 있는, 가동성과 가변성 높은 시스템을 구상했다.

인다는 새로운 패러다임을 가져온 작품들이다. 그들의 선구
적인 프로젝트는 시간이 지나 로봇·인공지능·모듈러 등 첨
단 기술이 자리 잡은 현대에 더욱 주목받고 있다.

## 우리가 그리는 신기루

  현대 건축에서 미래는 어떻게 그려지고 있을까? 20세기
후반부터 오늘날까지, 우리는 잉여자본의 시대를 살아가고
있다. 정보 통신 기술이 새로운 산업혁명을 가져왔고, 건축
시장도 이미지와 미디어를 기반으로 급속도로 세계화되고
있다. 자본만 뒷받침해 준다면 머릿속 상상을 실제 현실로
만들 수 있는 세상이다.

  시대의 흐름은 건축가로 하여금 미래, 잉여자본이 만들 신

▶ 두바이의 팜 아일랜드(Palm Island).
땅에서는 느낄 수 없는, 그러나 하늘에서 바라보이는 상징적 유토피아를 그리고 있다.

기루를 그려 내기를 종종 요구한다. 두바이는 20세기 후반의 자본력이 만들어 낸 대표적인 신기루의 도시다. 화려하고 다양한 건축물의 전시장이자, 그림 속에나 존재할 만한 세계적 건축 거장들의 상상력을 실제로 구현해 만든 환상의 도시다. 규모와 정도의 차이는 있으나, 이런 두바이식 건축은 세계 곳곳, 우리 주변에서도 종종 볼 수 있다.


## 미래를 향한 사회적 논의가 필요하다

"저 앞의 땅도 제가 살 거예요."

"나중에 제가 다른 곳에도 건축을 좀 하려고요."

"이번 일 잘되면 다른 데도 같이 하시죠."

"그림 하나 멋지게 잘 그려 주세요."

"최대한 크고 높아 보이게 해 주세요."

건축주들을 만날 때마다 공통적으로 듣는 이야기들이다.

건축가는 개인과 사회의 미래를 꿈꾸고, 그리고, 구현한다. 이것이 건축 분야가 갖는 가장 큰 매력이자 잠재력이다. 그러나 꿈에는 환상·허상·구상·공상·상상 등이 모두 섞여 있다. 좋은 꿈은 이상향을 보여 주고 우리를 올바른 길로 인도한다. 하지만 건축가는 때로는 개인과 사회의 잘못된 욕망과 허영에 이용당한다. 그런 일에 건축가를 이용해서는 안 되고, 건축가는 그런 일에 이용당하면 안 된다. 정치인들이 보여 주는 화려하고 멋진 그림 한 장에 현혹되지 말자.

    미래는 환상이나 허상이 아니다. 미래에 대한 사회적 논의는 반드시 필요하다. 미래에 대한 건축적 상상력도, 미래 건축의 방향성에 대한 교육도 마찬가지다. 중요한 건 과거와 현재에 대한 존중, 사회적 공론과 합리적 근거를 기반으로 한 건축적 상상력만이 가치 있다는 것이다. 건축가는 누군가의 미래를 그려 주는 수단보다는 올바른 미래를 제시해 주는 가이드가 되어야 할 것이다.

# 건축과 영화는 종합 산업

최근 케이팝에 이어 한국 영화와 드라마가 전 세계적으로 흥행하고 있다. 한국인이라면 뿌듯하고 신나는 게 당연하다. 건축가로서 영화계의 성공이 부럽고 배우고 싶다. 건축도 영화처럼 주목받을 수는 없을까? 한국 건축도 한국 영화처럼 세계에 널리 알려질 수는 없을까?

영화는 20세기 초, 연속된 사진으로 만든 새로운 미디어를 기반으로 탄생했다. 초기에는 신기한 볼거리에 불과했지만 이야기를 전달하는 도구로 진화하며 다양한 시도와 연출 기법을 통해 시청각 예술의 한 장르로 발전했다. 여기서 더 나아가, 여러 산업이 결합하며 오늘날 영화는 우리 일상에 없어서는 안 될 대중문화의 한 장르로 발전해 왔다.

건축은 영화와 달리 인간의 기본적인 의식주를 담당하고, 인류의 기원과 맥을 같이하며 장구한 역사와 전통을 자랑한다. 그러나 건축이 대중문화 혹은 대중 예술로 인식된 역사는 매우 짧다. 하지만 현재 우리의 관점에서 보고 느끼고 논하는 대중문화로서의 건축은 영화 산업과 크게 다르지 않다. 단순히 시각 예술이자 문화의 영역이라는 공통점을 넘어 건축과 영화에는 유사한 점이 매우 많다.


## 시나리오 쓰기

영화감독은 촬영 전에 주제와 소재를 갖고 이를 어떻게 전개해 나갈지, 어떤 결말을 낼지 모두 치밀하게 계획하여 시나리오를 쓴다. 시나리오는 오랜 고민을 거쳐 창작되거나, 역사 이야기를 차용해 쓰이거나, 최근에는 동시대 웹툰과 소설에서 시작되기도 한다.

건축가도 비슷한 과정을 거친다. 설계를 시작하기 전, 개념과 주제를 갖고 이를 동선과 형태로 어떻게 풀어낼지 계획하고 고민하는 과정이 선행된다. 그 과정에 대지 혹은 주어진 프로그램에서 구상의 실마리를 찾기도 한다. 아무것도 없는 백지 상태에서 처음부터 창작하는 경우도 있고, 때로는 영화와 소설, 그래픽 등 다른 분야에서 영감을 얻기도 한다. 건축가는 도시와 사회에 공간을 만들어 메시지를 제시하기도 하고 인상적인 건물을 지어 볼거리와 즐길 거리를 제공하기도 한다.

## 장면 연출하기

　우리는 한 편의 영화를 감상해도 전체 내용을 오래 기억하지 못한다. 그러나 몇 년이 지나 그 영화를 다시 떠올려 보면 인상 깊은 몇몇 장면은 선명하게 남는다. 즉 우리는 서사는 금세 까먹지만 중요한 장면은 비교적 뚜렷하게 오랜 시간 기억한다. 영화 감독은 이렇게 인상 깊은 장면을 연출하기 위해 공들인다.

　건축에서도 장면 연출은 중요한 부분이다. 우리는 주로 건축물을 그 공간에 살아가는 사람이 아니라 구경하는 관찰자의 시선에서 보게 된다. 건축물을 일회적으로 관람 혹은 체험하는 것이다. 때로는 사진과 영상 자료를 통해 간접적으로

경험한다. 특히 실시간으로 정보 공유가 이뤄지기 때문에 건축물을 간접 경험할 기회가 크게 늘었다. 역설적으로 이는 공간에 대한 3차원적 연출이 중요해지는 이유가 되었다.

## 시장 다양화하기

영화는 주로 작품성이 중요한 예술 영화와 흥행을 목표로 하는 상업 영화로 나뉜다. 그러나 그것이 다가 아니다. 두 가지를 모두 지향하는 영화도 있고, 때로는 기록이나 실험 등 제3의 목적을 위한 영화도 있다. 거대 자본을 들여 찍는 블록버스터 영화는 평론가들의 좋은 반응을 얻지 못해도 종종 상업적으로 큰 수익을 낸다. 소규모 자본으로 제작한 상업용 B급 영화도 있고, 실험적인 단편 영화도 많다.

건축도 영화만큼 다양하다. 지금은 재미없고 지루하게 느껴지지만 오랜 시간 의미 있게 남을 작품도 많다. 막대한 자금이 투입되고 세계적인 건축 거장이 참여해 가히 건축의 블록버스터라 할 만한 작품도 있다. 주변에서 B급 영화 같은 건축물도 눈에 띄고, 최근에는 실험적인 파빌리온 등 선구적인 작품들도 많이 지어지고 있다. 영화의 종류와 성격이 다양하듯 건축의 종류와 성격도 다양하다.

▶ 헤더윅 스튜디오에서 건축한 미국 뉴욕의 베슬(The Vessel).
영화 연출과 같이, 건축도 강한 인상을 남기기 위해 큰 노력을 기울인다.

## 가상 세계 만들기

영화는 사람들에게 가상 세계를 보여 준다. 장면을 부분 부분으로 잘 나눠 연출해 관람자로 하여금 빈 조각을 채워 전체 내용을 상상하게 만든다. 그 내용은 역사적 사건의 재현이기도 하고 실제로 가 볼 수 없는 우주 또는 미래 사회기도 하다. 관객은 이런 가상의 공간과 내용을 간접 체험한다.

건축도 가상의 세계를 보여 준다. 도면과 이미지를 활용해 상상하고 계획한 공간의 밑그림을 그려 준다. 건축 설계는 건축가가 모든 것을 보여 주지 못하기 때문에 도면·이미지·모형·영상 등 다양한 매체로 최대한 실제 모습과 같이 보여 주는 과정이다. 물론 건축은 영화와 달리 뚜렷한 목적하에 만들어진다. 하지만 가상 공간을 계획하고 구체화해 대중과 소통하는 측면은 영화와 같다고 볼 수 있다.

## 여러 분야와 협업하기

한 편의 영화는 수많은 영역의 다양한 사람들이 협업해 만드는 종합적인 결과물이다. 표면적으로는 감독과 배우가 맨 앞에 드러나지만, 그 이면에 묵묵히 기여하는 각 분야의 전문가가 있다. 최근 컴퓨터 그래픽과 특수 효과, 영상 편집 등 관련 분야도 더욱 넓어지고 있다.

하나의 건축물은 건축주·설계자·시공자·감리자 등이 주

체가 되어 만들어진다. 설계는 구조·기계·전기·통신·소방·
조경·토목 등 다양한 분야가 협업하는 과정이다. 시공도 건
설사를 통해 콘크리트·금속·창호·마감·전기·설비·조경 등
다양한 영역의 협업을 통해 이루어진다. 최근에는 컴퓨터 그
래픽, 빌딩 정보 모델링(BIM), 파사드 컨설팅 등 건축 관련
업계가 더욱 확장되고 있다. 더 나아가 도시·조경·인테리
어·가구·조명 등 주변 요소와의 융합으로 건축과 타 분야의
경계도 점점 희미해지고 있다.


## 우리 건축에 대한 성찰이 필요하다

작품성과 예술성만 지향하던 영화의 시대는 끝난 듯하다.
해외 거대 자본이 만든 오락용 블록버스터만 흥행하던 시대
도 지났다. 요즘은 한 지역의 특색 있는 문화와 삶이 영화의
소재로 쓰이고, 새로운 아이디어와 참신한 연출로 보여 주는
스토리텔링이 인기를 끈다. 지역적 특수성과 독특한 문화는
전 세계인의 흥미를 끈다. 그 지역성을 잘 살리는 동시에 인
간 본연의 보편적 문제를 다뤄 공감대를 형성할 수 있다. 이
런 흐름은 모든 것이 실시간으로 공유되는 4차 산업혁명과
비대면 소통을 활성화시킨 팬데믹과 맞물려 전 세계 시장에
서 한국 콘텐츠의 경쟁력을 키웠고 폭발적인 흥행까지 이끌
어 냈다.

　건축 경험과 소통에도 변화가 필요하다. 우리가 건축을 어떻게 만들고, 경험하고, 소통하는지 돌이켜 볼 필요가 있다. 한국 건축의 특수한 상황과 현실 그리고 이로 인한 문제점을 해결하는 과정에서 흥미로운 건축을 할 수 있다. 이제 두껍고 무거운 건축 작품집을 뒤질 필요가 없다. 해외로 굳이 건축 기행을 떠나지 않아도 된다. 건축도 이미지로 소통하고 영상으로 경험한다. 다양한 소셜 미디어를 통해 접할 수 있다. 이것이 건축의 본질이 아니라고 거부하진 말자. 매체의 변화는 건축의 변화를 동반한다. 새로운 미디어로 빠르게 소통하는 가벼운 건축, 변화하는 시대를 담은 진솔한 건축에 관심을 가져야 할 때다.

# 주거의 가치와 가격

주거는 건축의 가장 중요한 기능 중 하나다. 주택 설계는 사람이 상주하는 삶의 공간을 다루기에 가장 어렵다. 특히 공동주택은 사람이 생활할 수 있는 거주성은 물론 많은 이가 함께 살아가는 공간으로서의 공공성, 주변 지역 사회와의 연계성, 도시의 일부로서 도시 계획 등 고려해야 할 사항이 대단히 많다. 개개인의 사유 재산인 부동산으로서의 상품성과 가치까지 담고 있으니 건축 영역을 넘어 사회 경제 분야와도 연관된다.

일반적으로 더 새롭고 기능이 많은, 우수한 상품이 가치를 인정받고 높은 가격에 판매된다. 그러나 우리가 사는 주택도 그럴까? 최근 부동산 가격이 급등해 우리는 주거의 가격과 그 질적 가치에 상당한 괴리를 느끼고 있다. 강남의 낡고 불편한 아파트가 서울 외곽의 깨끗한 새 아파트보다 훨씬 비싼 게 현실이다. 과연 주거 공간이 갖는 건축적이고 공간적인 가치는 무엇일까? 우리가 주거 공간으로서의 가치를 너무 모르고 혹은 무시하고, 불편하고 삭막하게 살고 있는 건 아닐까? 건축적 가치를 갖는 색다른 공동주택 사례들을 살펴보자.

## 밀도가 만드는 복합 공간

공동주택의 특징은 다수의 유닛이 결합해 만드는 밀도와 규모, 이에 따른 내외부 공간이라 할 수 있다. 이런 요소를 디자인으로 살린다면 단독주택에서 경험하지 못하는 새로운 외부 공간을 계획할 수 있다. 거기에 다양한 프로그램까지

▶ 싱가포르의 인터레이스.
단순한 형태를 육각형으로 교차 배치해 외부 공간의 활용을 극대화한 공동주택이다.
다수의 유닛이 모여 있는 장점을 극대화하고 단점은 최소화한 디자인이 엿보인다.

결합하면 복합적인 도시형 공동주택이 가능해진다. '모여 산다'는 장점을 살려 얻을 수 있는 공간적·기능적 혜택이 훨씬 많지 않을까?

그 예시로 들 수 있는 건물은 OMA 건축사무소에서 디자인한 '인터레이스(The Interlace)'다. 단순한 형태의 건물들을 과감하게 배치해 외부 공간 활용을 극대화한 아파트다. 6층 높이의 덩어리를 육각 그리드를 따라 맞물리게 배치해 테라스 공간과 열린 조망을 만들었다. 건물로 둘러싸인 중정은 닫혀 있으나 입체적으로 개방감을 준다. 채광과 통풍 등 환경적인 장점까지 잘 살려 디자인한 공동주택이다. 모여 있는 장점을 극대화하며 단점은 최소화했다.

## 단독주택 부럽지 않은 테라스

사람들은 '집' 하면 흔히 마당이 있는 단독주택을 가장 먼저 떠올린다. 그러나 공동주택의 접근성과 주거 편의성을 고려하면 단독주택을 선택하기는 쉽지 않다. 높은 수요에 따라 마당과 테라스를 갖춘 공동주택은 항상 인기 많고 비싼 옵션이 된다. 특히 구릉지가 많은 국내 도심의 경우 전체 혹은 부분 테라스형 아파트는 날이 갈수록 가치가 높아지고 있다. 그렇다면 공동주택에서 테라스를 극단적으로 강조하면 어떤 형태가 될까?

▶ 코펜하겐의 더 마운틴.
각 세대는 단차를 두고 조성되었다. 독립된 마당과 정원이 있어 열린 조망을 누릴 수 있다.

　　BIG 건축사무소에서 디자인한 '더 마운틴(The Mountain)'은 전 세대에 넓은 테라스를 제공한다. 인공적인 경사 형태로 단차를 두고 지어진 이 주택은 각 세대에 독립된 마당과 정원이 있어 채광과 조망이 좋다. 계단식으로 쌓여 올라가는 세대 뒤편에는 거대한 주차 공간이 있고, 저층부에는 복합 상업 공간까지 조성되어 있다. 테라스라는 건축 요소를 공동주택의 주요 테마로 잡고 생활 공간은 물론 주차 문제까지 영리하게 해결한 사례다.

## 새로운 시도, 터널형 주상 복합

도시에는 수많은 주상 복합 건물이 있다. 특히 역세권이나 도심지에는 사람이 몰리기에 공동주택과 주상 복합 시설이 집중적으로 들어선다. 최근 도심형 생활 주택 등 상업 복합형 주거 공간이 어느 때보다 큰 관심을 받고 있다. 그러나 안타깝게도 대부분 고층 건물로 지어 저층부는 상가로, 상층부는 타워형 공동주택으로 분양하는 전형적인 방식이 주를 이룬다. 이런 형태의 고정관념에서 벗어날 수 있을까?

MVRDV 건축사무소에서 설계한 '마르크트할 로테르담(Markthal Rotterdam)'은 시장과 공동주택을 복합해 지어졌다. 넓은 시장을 덮어 싼 터널형 공동주택으로 높이 40미터, 너비 70미터, 길이 120미터에 이른다. 그 안에 식료품점·소매 상점·레스토랑·카페 등이 자리해 지역 주민들뿐만 아니라 관광객까지 끌어들여 도시의 활기를 더한다. 시장을 극대화하고 공동주택과 결합시킨 과감한 프로젝트다.

▶ 네덜란드 로테르담의 마르크트할. 시장과 공동주택을 복합한 형태로 지역 주민뿐 아니라 관광객까지 끌어들이며 도시의 중심지가 되었다.

## 모듈이 모여 만들어진 아파트

최근 주거 문화의 특징 중 하나가 '나 혼자 산다'다. 1,2인 가구가 늘고 소형 주택이 인기를 얻으며 다양한 구조의 공간이 요구되고 있다. 그러나 많은 사람에게 물량을 공급해야 하는 공동주택은 그 구조와 평면이 보편적이고 획일적이라는 태생적 한계가 있다. 최근 이를 넘어 모듈형 설계를 통해 주거 유닛을 다양화하려는 시도들도 보인다. 공동주택에 다양한 구조를 제공할 수 있는 건축 방식 역시 주목받는다.

일본의 건축가 그룹 SANAA는 '기타카타 아파트(Kitagata Apartment)'의 주거 공간을 다채롭게 설계했다. 외관만 보면 일반적인 편복도형 벽식 아파트 같다. 그러나 구조를 자세히 보면 마치 테트리스 게임처럼 4개에서 6개의 유닛들이 조합되어 다양한 모듈을 만든다. 다양한 수요에 맞춰 주거 공간의 선택과 조정이 가능하다.

▶ 일본 기후의 기타카타 아파트.
일반적인 벽식 아파트로 보이지만
모듈식 구조로 공간에 다양성을 주었다.

## 새로운 공동주택이 필요하다

요즘 삶의 트렌드는 어떻게 변하고 있을까?

첫째, '따로 그러나 같이' 산다. 동시에 '공유'의 개념이 중요해졌다. 포스트 코로나 시대에 접어들며 개인화와 분산화는 점점 가속화되고 있다. 주택에서도 세대 내 독립 공간이 중요해졌다. 그러나 사람들에게는 여전히 서로가 필요하다. 인구 대부분이 고층 빌딩이 빽빽한 도시에 거주한다. 주변 생활 인프라와 유휴 공간, 주차장 등을 서로 공유하며 실리를 따진다. 여전히 모여 살 이유는 충분하다. 이는 과거 공동체 생활 혹은 지역 커뮤니티 구성과는 다른 이유이자 공유 방식이다.

둘째, '지금 내가 사는 공간'이 중요해졌다. 요즘 젊은 세대는 먼 미래를 위한 재산 가치를 따지기보다 지금 내가 편하고 좋은 곳에서 살아가려 한다. 그들에게 낡고 오래된, 비싼 아파트보다 다양한 편의시설과 새로운 기능이 더해진 스마트 하우스가 인기 있는 건 당연하다. 과도하게 상승한 부동산값까지 더해 과거 중요시됐던 내 집 마련의 동기는 점점 약해지고, 전세나 월세라 해도 현재에 충실히 살아가고자 하는 경향이 점차 뚜렷해지고 있다.

공동주택은 건축보다는 사회와 경제의 영역에 가깝다. 지금의 아파트 시장은 왜곡되어 있다. 주거의 가격과 가치가 일치하지 않는다. 살기 불편한데도 다른 사회·경제적 이유로 이상하게 비싼 값을 받는다. 하지만 생각을 바꿔 보자. 불편해도 참고 묵혀 놓는 부동산 자산이 아니라 지금 우리가 살아가는 소중한 순간순간의 공간으로서 주택에 초점을 맞추면 어떨까? 세상은 소유의 시대에서 공유의 시대로 변하고 있다. 획일적인 판상형, 타워형 아파트를 벗어날 좋은 기회다. 좋은 환경을 제공하는 주택이 더 좋은 값을 받는 시대, 훌륭한 설계와 디자인이 제값을 받는 시대가 다가오고 있다.

# 세상을 바꾸는 세 가지 방식

선거철이 되면 건축과 도시 관련 공약이 쏟아져 나온다. 작게는 구청사나 주민 센터부터 크게는 주거 단지와 공항, 신도시까지 후보들은 저마다 목청 높여 개발에 대한 비전을 외친다. 선거 후에도 건축은 정치와 권력에 다양하게 이용된다. 오페라 하우스·전시장·공원 등 건축물들은 각종 정책의 실효성을 가시적으로 드러내는 물리적 성과이자, 정치인이 임기 안에 반드시 이루어야 하는 과업이다.

과연 건축은 세상을 바꿀 수 있을까? 많은 건축학도가 그런 꿈을 꾼다. 물론 건축이 세상을 바꾸지 못해도 그 결과물은 긍정적이든 부정적이든 세상에 큰 영향을 끼친다. 건축이 세상을 바꾸는 방식 혹은 세상을 바꾸기 위해 건축이 이용되는 방식은 다양하다. 그중 세 가지를 이야기하고 싶다.

## 랜드마크 건축하기

첫 번째는 랜드마크다. 새로운 랜드마크는 도시민들의 꿈과 이상을 표출한다. 랜드마크는 가장 직관적인 건축물로, 고대 바벨탑처럼 인간의 허영과 욕심을 그대로 보여 준다. 가장 높게, 가장 크게, 가장 화려하게. 랜드마크는 한 도시를 시각적이고 상징적으로 표현하는 가장 효과적인 도구다.

건축계에 '빌바오 효과(Bilbao Effect)'라는 용어가 있다. 빌바오는 스페인 북부에 위치한 산업 및 항구 도시로, 한때 제철소와 조선소를 기반으로 한 공업 도시로 번성하다가 탈공업화 이후 쇠퇴하고 낙후되어 있었다. 1990년 빌바오 지방 정부는 문화 산업을 통한 도시 재생을 목적으로 구겐하임 미술관을 유치했고, 세계적인 건축가 프랭크 게리가 작업에 착수했다. 처음에는 막대한 공사 비용을 낭비한다고 비판받았으나, 완공되고 시간이 지나며 빌바오 구겐하임 미술관(Guggenheim Museum Bilbao)은 독특한 외관으로 도시의 랜드마크가 되어 지역 경제와 문화를 활성화하는 긍정적 효과를 가져왔다. 그 결과 빌바오 효과라는 용어까지 만들어졌고 전 세계 도시 건축 전문가들이 이 사례에 주목했다.

1990년대 이후, 건축의 세계화와 맞물려 각 도시들이 유명한 스타 건축가를 초청해 랜드마크를 건설하는 일이 빈번해졌다. 사람들은 이를 통해 낙후된 도시의 부흥을 꿈꿨다. 국내에서도 2007년 노후된 동대문 운동장을 철거하고 그 자

▶ 스페인 빌바오의 구겐하임 미술관.
처음에는 막대한 공사 비용으로 비판받았지만, 완공 이후 독특한 외관으로 도시의
랜드마크가 되어 경제와 문화를 활성화하는 데 성공했다.

▶ 서울의 DDP.
노후된 동대문 운동장을 철거하고 복합 문화 시설을 만들었다. 역시 처음에는 예산
낭비라는 비판을 받았으나 이후 주요 관광지로 자리잡았다.

리에 새로운 시설을 설치할 목적으로 국제 공모전을 열었다.
당시 자하 하디드(Zaha Hadid)의 설계안이 당선되어 'DDP(동
대문 디자인 플라자)'가 만들어졌다. DDP도 처음에는 빌바오
구겐하임 미술관처럼 예산 낭비라는 비판을 받았다. 하지만
지어지고 십수 년이 지난 이제는 서울의 중요한 랜드마크이
자 빼놓을 수 없는 관광지로 자리매김했다.

## 가치를 재발견하기

건축이 세상을 바꾸는 두 번째 방식은 가치를 재발견하는 것이다. 과연 멋진 건물을 신축하는 것만이 최선일까? 건축물도 사람처럼 시간이 지나면 나이를 먹는다. 많은 건축가가 오래된 건축물에서 가치를 발견해 새롭게 재해석하고 있다. 오래된 폐발전소를 리모델링해 미술관으로 만들 수도 있고, 낡은 창고를 개조해 극장이나 카페를 만들 수도 있다.

가치의 재발견은 건축을 넘어 도시의 영역까지 영향을 끼친다. 뉴욕의 '하이 라인 공원(The High Line)'은 지난 반세기 동안 지하철 고가 철도였다. 1980년대에 선로가 폐쇄되고 이 고가 철도는 버려진 채 도시의 흉물이 되어 주변부와 함께 낙후되어 갔다. 뉴욕시는 이 공간을 재생하기 위해 설계 공모를 열었고, 제임스 코너(James Corner)의 안이 최종 선정됐다. 그의 아이디어에 따라 버려진 공간을 공원으로 탈바꿈시켜 2009년에 개장했다. 하이 라인 공원은 도심 속 산책로로 뉴욕 웨스트 12번가에서 34번가를 잇는 새로운 축을 만들어 주변 환경과 문화 그리고 지역 경제까지 크게 발전시킨 성공 사례로 꼽힌다.

이렇게 노후된 건축물을 리모델링해 도시를 변화시키는 것이 하나의 트렌드가 되었다. 국내에서는 철거 예정이었던 서울역 고가도로를 뉴욕의 하이 라인 프로젝트처럼 리모델링해 '서울로 7017'을 만들었다. 경제 개발 시대에 차를 위해

▶ 미국 뉴욕의 하이 라인 공원.
버려진 고가 철도를
공원으로 탈바꿈시켜 주변
지역까지 재생시켰다.

▶ 서울의 서울로 7017.
오래된 고가도로를
산책로로 바꿔 선형 공원을
만들었다.

지어졌던 낡은 고가도로를 사람을 위한 보행로로 바꾸었고, 서울역부터 남대문 시장, 더 나아가 남산까지 이어지는 단절되었던 도시의 기능을 이어 시민들이 누릴 수 있도록 선형 공원으로 재탄생시켰다.

## 보존하고 재생하기

한편 오래된 지역을 최대한 그대로 보존하며 재생할 수도 있다. 낙후 지역에 소규모 개발을 하거나, 꼭 필요한 기반 시설만 설치해 주변 환경을 개선하는 방식이다. 지역 주민들의 오랜 삶의 터전을 보존하며 꼭 필요한 부분만 재생해 지속 가능한 개발 방식이라 할 수 있다.

콜롬비아의 메데인(Medellin)은 과거 마약과 폭력으로 심각한 몸살을 앓았다. 도시는 산악 지대에 위치해 거주 환경이 취약하고 치안이 좋지 못했다. 그러나 2000년경부터 마을에 케이블카와 사회 기반 시설이 들어서자 변화가 시작됐다. 점차 안전하고 편리한 동네가 되었고, 보행자 중심의 아름다운 경관으로 변모했다. 케이블카를 활용한 메데인시의 도시 재생은 오늘날까지도 세계에서 가장 혁신적인 예시 중 하나로 자주 소개된다.

2000년대 이후, 국내에서도 도시 재생이 꾸준한 관심을 받아 왔고 현재까지 많은 지역에서 다양한 프로젝트가 진행 중이다. 부산 감천마을은 국내 대표적인 도시 재생 사례로

▶ 콜롬비아 메데인시 케이블카.
마약과 폭력으로 사회 문제가 심각했던 도시에 케이블카와 기반 시설이 들어서자 걷기 좋은 곳이 되었다. 메데인시는 도시 재생의 혁신적인 예시로 꼽힌다.

▶ 부산 감천마을.
마을의 기반 시설을 정비하고 문화 예술 거점 공간을 만들었다.

소개된다. 이곳은 한국 전쟁 피난민들이 모여 살던 부산의 낙후된 달동네였으나 개발 대신 지역을 보존하고 장점을 살리는 재생을 택했다. 마을 기반 시설을 정비하고, 건물들을 채색하고 벽화를 그리고, 지역민들이 함께 누릴 수 있는 문화 예술 거점 공간을 마련하는 등 조화로운 방식으로 대내외적으로 큰 주목을 받았다. 현재는 부산의 관광 명소가 되어 많은 이의 발걸음을 끌어당긴다.


다양성과 공존이 필요하다

　건축은 다양한 방식으로 세상을 바꾸는 데 기여한다. 랜드마크를 만들어 한 도시의 꿈과 욕망을 대변하기도, 오래되거나 방치된 공간을 변화시켜 기존 가치를 재발견하기도 한다.

또한 개발보다 보존을 우선시하고 최소한의 개입으로 도시를 재생하기도 한다. 그렇다면 이런 접근 방식의 차이는 누가 정하는 걸까? 공교롭게도 이는 건축이 아닌 정치에서 출발한다. 공공 건축의 향방이 정치에 종속되는 것은 슬프지만 현실이다.

우리나라 보수 정권은 랜드마크를 짓는 건축을 지향해 왔다. 세계적인 건축가들을 데려와 낙후 지역을 개발하고 큰 프로젝트를 추진하며, 홍보와 마케팅을 통해 경제적인 효과를 얻고자 했다. 국내 건축 시장은 전 세계 스타 건축가의 자유로운 활동 무대가 된 지 오래고, 그 탓인지 우리 건축은 여전히 문화 사대주의를 벗어나지 못하고 있다. 이런 전략은 경제적으로 큰 효과를 거둘 수 있지만, 한편으로는 또 다른 소외를 낳고 랜드마크 외 지역은 오히려 낙후시킨다는 부정적인 분석도 있다.

반면 진보 정권은 가치를 재발견해 도시를 재생하는 방식을 지향해 왔다. 낙후된 지역을 세밀하게 관찰하고 최소한의 영향을 끼치는 작은 건축, 재생의 건축으로 일상적인 공간들을 변화시켰다. 많은 건축가가 참여해 주민과 소통하고 지역의 역사와 문화를 존중하는 방향에서 제한적으로 개발하고자 했다. 이런 전략은 민주적이고 대중 친화적이지만 경제적·대외적 효과가 미미하고 건축계의 자체적인 실험과 도전을 뒷받침하진 못한다는 부정적인 측면도 있다.

 도시 변화의 접근 방식에 정답은 없다. 모두 장단점이 있고, 성향과 가치관에 따라 다를 수 있다. 무엇보다 이는 건축가가 단독으로 결정할 문제가 아니다. 단, 정권이 바뀌었다고 이전 정권에서 추진하고 있던 건축 사업을 갑자기 중단하지는 않았으면 한다. 실보다 득이 많은 경우도 있기 때문이다. 건축은 단지 건축이다. 많은 경우 정권이 바뀌면 설계 또는 시공 중이던 많은 사업이 좌초되거나 백지화되어 버린다. 건축하는 이들 모두 한 번쯤 겪어 본 문제일 것이다. 나만 맞고 상대방은 틀린 게 아니다. 다를 뿐이다. 이전 정권의 건축 사업 방향도 잘못된 게 아니라 내 생각과 다를 뿐이고, 세상을 좋게 만드는 데 서로 다른 방식으로 일조하고 있는 거다.

# 불변의 그리고 변화의 건축

최근 자동차 시장에서 전기차 점유율이 확대되며 배터리와 반도체 산업이 급성장하고, 내연기관 산업은 급속히 쇠락하고 있다. 전 세계 자동차 업계는 시장 변화에 따라 급속히 재편되고 있다. 미래를 예측하고 대비하면 좋겠지만, 어떤 분야도 10년 후 미래를 정확히 예측하지는 못한다. 건축은 이런 변화에 비교적 무딘 편이다. 하지만 과연 건축에는 변화가 없을까? 시대가 이렇게 빠르게 변하는데 건축은 이대로 괜찮을까?

## 건축과 시간

'건축은 영원하다'는 말이 있다. 고대 이집트의 피라미드부터 유서 깊은 중세 교회, 우리나라 고궁은 장대한 역사 속에 불멸의 작품으로 남아 있다. 건축은 시대의 양심과 예술

적 가치를 담는 그릇이다. 인문적 관점에서 건축은 그 시대
와 사회, 문화를 함축적으로 보여 주고 시간이 흘러도 꿋꿋
하게 남아 있는 역사의 증인이다.

산업화를 거쳐 모더니즘 시대에 들어서자 그 절대적 가치
는 또 다른 차원에서 강조되기 시작했다. 모더니즘 건축은
기하학적 형태, 빛과 그림자 등으로 만드는 공간에 대한 본
질적 탐구에 집중했다. 시대에 따른 유행을 거부하고 공간
에는 절대 불멸의 가치가 있음을 강조했다. 르 코르뷔지에는
완벽한 기하학의 황금비로 형태와 공간을 만들었고, 루이스
칸은 공간과 빛을 활용한 절대미로 건축의 본질을 추구했다.

그러나 건축은 영원하지 않다는 반론도 있다. 역시 맞는
말이다. 1차 산업혁명으로 공장형 건축이 탄생했다. 만국박
람회라는 대규모 행사를 위해 지었던 런던의 수정궁과 파리

▶ 방글라데시 다카의 국회의사당(National Parliament of Bangladesh).
건축은 오랜 시간 한 자리에 남아 사회 변화를 겪고 함께하는 역사의 증인이다.
하지만 건축이 영원하다고 할 수 있을까?

의 에펠탑처럼 공장에서 만든 부재를 현장 조립해 만드는 방식이 도입되었고, 도시화에 맞춰 건물들은 대량화·표준화되었다. 2차 산업혁명의 대량 생산과 운송 수단 혁신에 맞추어 전 세계에서 모더니즘 건축이 주류를 이루게 되었고, 이에 반발한 포스트모더니즘은 지역적이며 친밀한 대중 건축을 지향하기 시작했다. 이후 컴퓨터를 활용한 네트워크와 정보 사회를 표방하는 3차 산업혁명으로 건축은 세계화되어 서로 영향을 주고받기 시작했다.

## 요즘 건축의 네 가지 트렌드

그렇다면 요즘 건축은 과연 어떻게 변하고 있을까? 그 경향성을 네 가지로 정리해 보자.

첫째, '소비재로서의 건축'이다. '영원한 가치를 갖는 건축'은 더 이상 사람들에게 관심을 받지 못한다. 오늘날 소비 중심 사회에서, 건축은 보존 대상이 아니라 패션과 같이 유행을 타는 소비 대상이다. 개인부터 기업까지 모두가 건축을 자신의 정체성을 보여 주기 위한 수단으로 소비하고 있다. 몇몇 건축가들은 자신의 스타일을 보여 주기 위해 건축을 한다. 직관적이고 인상적인 공간이 더욱 주목받고 있으며, 독특하고 차별화된 외관과 재료가 큰 관심을 받는다. 하지만 그만큼 빠르게 인기를 잃는다. 건축은 빨리 만들고, 다시 부수고, 다시 새롭게 지어지는 소비의 대상으로 전락했다.

둘째, '이미지로서의 건축'이다. 바야흐로 이미지의 시대다. 모든 사람이 매일같이 스마트폰과 컴퓨터를 통해 실시간으로 이미지와 동영상을 찾고 공유한다. 건축을 공간으로 직접 체험하기 전에 누군가가 공유한 이미지로 접한다. 또한, 실제 공간을 방문해 체험하는 동시에 실시간으로 불특정 다수에게 공유한다. 종종 건축은 공간 그 자체보다 하나의 이미지로 소비된다. 그 이미지를 전달하고 공유하는 방식은 모형이나 전통적인 드로잉이 아니라 사진과 동영상 등 온라인 매체로 옮겨 가고 있다.

셋째, '공유재로서의 건축'이다. 전 세계에서 준공되는 수많은 건축 프로젝트가 매일 실시간으로 공유된다. 의도하든 그렇지 않든 유사한 디자인이 쏟아져 나온다. 요즘 같은 공유 사회에서 세상에 없던 디자인은 거의 찾아볼 수 없다. 이제 존재하지 않는 새로운 디자인을 찾는 창의력과 상상력보다 기존의 다양한 프로토타입을 활용해 주어진 조건에 맞는 새로운 솔루션을 찾는 응용력과 문제 해결력이 중요하다.

마지막으로 '융합 산업으로서의 건축'을 들 수 있다. 건축은 이미 하나의 융합 산업이다. 구조·기계·전기 등 여러 분야가 협력해 만들어지고, 더 나아가 인테리어·가구·조형·조경 등 타 분야로까지 확장되고 있다. 건축업의 경계가 희미해지고 새로운 결과물을 만들기 위한 융합적인 사고가 필요

한 시대다. 건축은 건물 설계에만 국한되지 않고 다양한 분
야와 연계되고 있다.


## '가벼움'이 필요하다

건축은 시대에 따라 변화한다. 건축물이 영원하든 그렇지
않든, 중요한 점은 의식주의 하나로서 삶에서 중요한 부분을
차지한다는 거다. 사람들의 삶이 변화하고 사회가 변화함에
따라 건축도 함께 변화하는 게 당연하다. 그러면 우리는 이
런 변화에 어떻게 대응해야 할까?

우선 건축은 가벼워져야 한다. 건축에서 무거운 역사적·
관념적인 담론을 논하기보단 상업적 디자인이든, 임시 설치
물이든, 대중가요처럼 가볍고 신선해질 필요가 있다. 전 세
계에 지어지고 있는 동시대 건축물의 얇고 넓은 사례들을 수
용하고 이를 기반으로 새로운 건축에 도전해야 한다. 가벼운
아이디어를 내고, 쉽게 디자인해야 한다. 이제는 불멸의 역
사적 작품을 만들 수도, 그럴 필요도 없다.

더불어, 한 사람이 모든 걸 디자인했다는 '작가주의'에서
벗어나야 한다. 건축가의 '가오'가 통하던 시대는 지났다. 건
축가의 리더십은 필요하나, 지금의 세분화된 작업 방식에서
건축가 혼자 모든 일을 다 할 수도, 다 할 필요도 없다. 이제
디자인은 기존 것을 응용하고 여러 사람과 협업하는 과정이

다. 이전처럼 한 건축가의 작품만이 중요한 게 아니다. 작가 개인이 번뜩이는 아이디어로 세상에 없던 것을 창조하던 시대는 지났다. 이 시대의 위대한 작품은 다른 사람이 그려 놓은 좋은 스케치에서 시작될 수도, 주변 동료들과의 토의에서 나올 수도 있다.

사회가 급속도로 변화함에 따라 세대 간 갈등이 생겨나는 것처럼 건축계 내부에서도 기존 관점과 방식을 고집하는 경우가 많다. 그러나 한 가지는 분명하다. 건축은 사회의 일부이기에 변화를 읽고 이를 적극적으로 받아들일 때, 그리고 스스로 혁신하고 새로운 영역을 개척하고자 할 때 시대를 앞설 수 있다.

# 오픈 플랫폼 시대의 건축 교육

제도판 위에 칼판을 놓고 밤새 모형을 만들고, 로트링 펜으로 트레싱지에 도면을 그리던 시절이 있었다. 유명 건축가들의 두꺼운 건축 작품집을 쌓아 놓고 건축과 사회 그리고 철학에 대해 고민했다. 나는 대학 졸업 즈음 처음으로 '캐드(CAD, Computer Aided Design)'를 활용해 도면을 그렸고, 졸업 후에는 '스케치업(SketchUp)'이라는 3차원 프로그램이 나왔다는 이야기를 들었다. 불과 20여 년 전 일이다.

지난 20년 사이에 과연 무슨 일이 있었을까? 인터넷·스마트폰·소셜 네트워크 서비스·인공지능 등 온갖 새로운 기술이 등장해 삶 전체를 변화시켰다. 정보의 양과 소통 방식 그리고 사고 체계까지 변했다. 가장 무서운 건 사람이 변했다는 사실이다. 내가 건축 교육을 해온 지 어느덧 10년이 지났다. 10년 전 학생들, 5년 전 학생들, 현재 학생들은 학습 방식, 소통 방식, 사고방식이 모두 다르다. 이제 건축 교육의 본질적인 내용을 되돌아보고 그 방식도 바꿀 때가 되었다. 새로운 오픈 플랫폼 시대에 발맞춰 우리에게는 새로운 건축 교육이 필요하다.


## 미디어 활용력의 강화

건축은 그 자체로 소통을 위한 하나의 미디어다. 도면·모형·모델링·다이어그램 등 설계 과정의 모든 결과물은 건축주와 시공자 등 누군가에게 전달하기 위한 것이다. 따라서 도면을 그리고 모형을 만드는 능력은 글을 읽고 쓰는 것과 같이 시대가 변해도 건축을 하기 위한 최소한의 기본기다.

요즘 건축가들은 일을 하며 전보다 더 많이 소통해야 한다. 이미지의 시대를 넘어 동영상의 시대가 되었고, 컴퓨터 시뮬레이션을 지나 메타버스의 시대로 들어서고 있다. 건축은 전통적 미디어였던 도면과 모형을 넘어, 투시도와 동영상을 거쳐 이제 증강·가상 현실로까지 확장되고 있다. 멋진 결과물만큼 과정을 기록하는 일도 중요해졌고, 작업물을 타인에게 알리고 타인으로부터 영감을 받기 위한 소통이 중요한 시대다. 새로운 미디어에 빨리 적응하고 이를 적극적으로 활용해야 학생들에게 좋은 건축 교육을 할 수 있다.

## 창의력을 키우는 건축 교육

건축 교육에서 창의력은 아주 중요하다. 전통 양식을 벗어난 모더니즘 사조 이후 창의성은 건축가들에게 가장 어려운 과제로 여겨져 왔다. 입시 중심의 주입식 교육에 익숙한 우리 학생들에게 각 대학 건축학과는 창의적인 아이디어를 내고 표현하는 법을 제대로 가르치고 있을까? 이는 매우 어려운 일이다.

창의력은 학생의 집요한 고민과 노력, 교육자의 의지 그리고 적절한 교과 내용과 교육 환경을 밑거름 삼아 키워진다. 우리나라 건축 교육은 지난 십수 년 동안 정리되고 많이 발전했지만 새로운 시도나 실험을 지향하기보다는 여전히 기존 틀에 갇혀 있다. 제도권에 갇혀 길들여진 탓인지 학생들도 경직돼 있다. 도시와의 조화, 주변 건물과의 어울림도 중요하지만 새로운 공간과 형태를 실험하는 것도 중요하다. 학생도 교육자도 더 과감히 도전하고 실험하면 좋겠다. 자유로운 상상력을 펼치고 실험적인 시도를 하도록 장려하는 문화가 절실한 이유다.

## 응용력이 곧 창의력

오픈 플랫폼 시대에는 뛰어난 응용력이 요구된다. 우리는 시시각각 전 세계 소식을 접한다. 지구 반대편에서 진행되는 프로젝트가 실시간으로 공유되고, 이미지를 자동 검색해 주는 서비스를 잘 활용하면 자신의 프로젝트에 참고할 만한 작업물을 쉽게 검색할 수 있다. 기술적 지식과 관련 법규도 그때그때 필요한 부분만 검색해 빠르게 파악할 수 있다.

수직적이고 폐쇄적인 교육의 시대는 끝났다. 수평적이고 개방적인 교육의 시대가 도래했다. 무엇보다 응용력이 중요하다. 창의력은 무에서 유를 창조하고, 아무것도 없는 백지에서 갑자기 무언가를 만들어 내는 게 아니다. 수많은 정보와 자료를 조합해 응용하는 능력이다. 세상은 넓고, 완전히 새로운 디자인은 없다. 시야를 넓혀 정보와 데이터의 바다에서 스스로 학습하고 자신만의 것을 응용할 수 있는 교육 방식으로 점차 바뀌어야 한다.

## 건축가는 문제 해결사

실무적으로 보면 건축은 결국 문제 해결 과정이다. 하나의 건물을 짓기 위해서는 수많은 주체가 관여해 오랜 시간 협의를 거친다. 그 과정에서 건축가는 모든 업무 진행의 중심이자 각 단계에서 생기는 문제들을 원활히 해결하는 해결사가 되어야 한다. 모든 지식과 기술이 오픈되고 공유되는 요즘 사회에 건축가의 전문 지식과 기술의 가치는 이미 떨어지고 있다. 요즘 건축가들에게는 지식이나 기술보다 합리적인 상황 판단과 의사 결정 능력, 문제를 해결해 가는 리더십이 더욱 중요하다.

이런 능력은 도면과 이미지, 법규와 지식 교육만으로는 채워질 수 없다. 지식이 아닌 지혜를 가르쳐야 한다. 정답 말고 해결 과정을 가르치자. 기존 건축 지식을 암기하거나 빈 대지에 자유롭게 설계를 시키기보단 여러 현실적인 조건과 난제들 속에서 오픈된 정보를 자유롭게 활용해 스스로 문제를 해결하게 하는 교육, 즉 문제 해결자로서 건축가 교육이 절실하다.


## 건축 교육에 변화가 필요하다

우리나라 건축 교육의 꽃은 졸업 전시다. 건축학과 학생이라면 누구나 졸업을 앞두고 가장 멋있고 화려한 역작을 만들고자 한다. 학생들은 이 과정에서 건축과 사회에 대해 진지하게 고민한다. 몇 달 동안 모든 열정과 에너지를 쏟아붓고 심지어 후배와 동기들까지 동원해 멋진 작품을 완성한다. 그래서 졸업 전시는 어느 정도 규모도 있고 개인전 수준으로 화려하다.

그러나 시대가 변한 만큼 졸업 전시, 졸업 작품에 대한 생각도 변해야 한다. 후배들의 도움과 노동력을 빌려 화려하고 거대한 모형을 만드는 것에 어떤 의미가 있는가? 도시와 사회에 대한 심각한 철학과 사고를 담아야만 졸업 전시인가? 왜 모든 학생이 주제 의식을 갖고 전시를 해야 할까? 정작 현업 건축가들은 그러지 못하는 경우가 많다. 왜 학생들의 졸업 전시에 화려함과 극단적인 노동, 주제 의식과 철학적 사고까지 담을 것을 요구하는가?

소모적이고 형식적인 졸업 전시는 지양하는 게 어떨까. 양과 크기, 전시 효과로 승부하는 관습에서 벗어나자. 개인의 철학과 주제를 따지는 뻔한 졸업 전시는 이제 멈출 때도 됐다. 작아도 되고, 쉽고 가벼워도 좋다. 오히려 작은 조형물에 새로운 실험과 도전 정신을 담아 훌륭한 가치를 표출해 낼 수 있다. 그 영역과 범위도 공간 디자인부터 가구까지 다양할 수 있다. 결과보다 과정과 내용이 돋보이는 건축도 있고, 철학이나 주제 의식 없이도 아름답고 의미 있는 건축도 있

▶ 컬럼비아 대학교 졸업 전시.
개인이 아니라 스튜디오 팀별로 각각 개성을 표현하는 작품 설계 과정에 초점을 맞췄다.

다. 원치 않는다면 개인에 따라 졸업 전시가 아닌 다른 평가로 대체하거나 외국처럼 스튜디오 팀을 꾸려 작업한다는 선택지도 있어야 한다. 개개인에게 '전시'와 '작품' 만들기를 강요하는 건축 교육에 의문을 던진다.

불과 십여 년 사이 건축 실무 환경도 확연히 달라졌다. 건축가에게 요구되는 일의 범위와 수행 방식, 업무 속도와 양 등 모든 부분이 빠르게 변화하고 있다. 새 시대의 건축가를 키우는 교육은 이런 현실보다 앞서 나가야 한다. 건축 교육의 방향에 대한 진지한 고민이 필요한 시점이다.

건축은 사회 변화를 읽고
이를 적극적으로 받아들일 때,
그리고 스스로 혁신하고
새로운 영역을 개척하고자 할 때
시대를 앞설 수 있다.

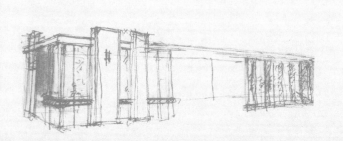

# 3장
# 새로움을 찾아

여기서부터는
내가 진행해 온 프로젝트 이야기다.
하지만 나의 포트폴리오나
작품 모음집은 아니다.
현실의 벽에 부딪히며 끊임없이 도전했던
그 실천 과정을 담았다.

파렛트 ▼ 각재 ▼ 패널 ▼ 축벽 ▼ 구조벽 ▼ 조형벽 ▼ 조경벽

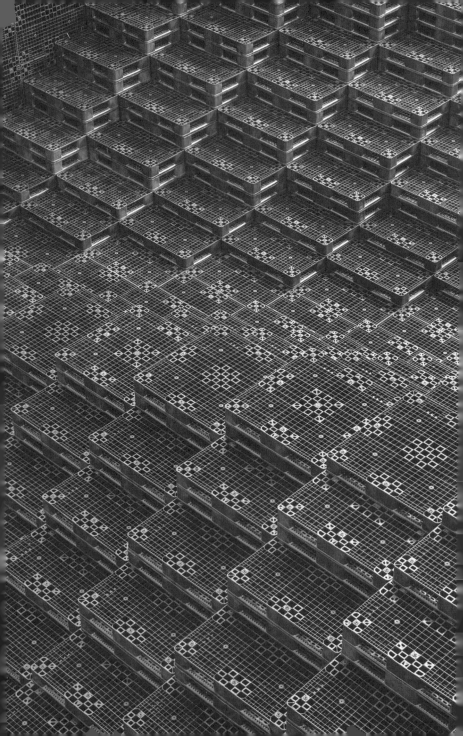

# 파렛트를 활용한
# 열 가지 실험

건축은 공간과 재료에 대한 아이디어에서 시작된다. 평범한 공간도 건축가의 상상력을 통해 특별한 장소로 재구성될 수 있으며, 일상적인 재료도 발상의 전환을 통해 새로운 구조물로 탈바꿈할 수 있다. 건축은 기본적으로 작은 부분들의 조합으로 만들어진다.

플라스틱 파렛트는 우리 주변에서 흔히 볼 수 있는 산업 자재로, 단위 면적당 단가가 매우 저렴하다. 지게차가 들어 옮기고 쌓기 좋게 규격화돼 있으며 구조적으로 가장 튼튼하게 만들어졌다. 표면 패턴과 색상은 각양각색이다. 크지만 가볍고 매우 튼튼한, 벽돌 같은 기성품이다.

우리 도시에는 무대·극장·전시·휴식·집회 등 수많은 이벤트를 담당할 공간이 필요하다. 이런 이벤트 공간은 얼마 가지 못해 철거되어 결국 많은 사회적 비용을 소모한다. 언제든 쉽게 설치했다가 해체해 다시 산업 현장으로 보낼 수 있도록 기성 자재를 활용해 임시 공간을 만들면 어떨까? 레고 블록처럼 똑같은 모듈을 활용해 장소와 목적에 맞게 새로운 공간을 만드는 건축 실험을 했다.

## 바이래터럴 시어터(Bilateral Theatre) I
파렛트 실험의 시작

파렛트로 극장을 만들 수 있을까?

수년 전 서울시립미술관에서 〈종합극장〉이라는 전시가 열렸다. 몇몇 건축가가 참여해 각자 재활용 자재로 극장을 만드는 전시였다. 공간을 구성할 자재를 찾아다니다 우연히 길가에 버려진 플라스틱 파렛트가 눈에 띄었다. 혹시 누군가 이걸로 공간을 만든 적이 있을까? 알아보니 다행히 그때까지 아무도 쓰지 않은 소재였다. 운 좋게 발견했다. 세계 최초로 플라스틱 파렛트가 공간을 만드는 모듈로 활용되었다.

천 개의 파렛트를 벽돌처럼 수평으로 쌓아 양쪽으로 벌어진 계단형 극장을 만들고 중앙에 양면 스크린을 설치해 사람들이 파렛트에 자유롭게 기대 앉아 영화를 보도록 공간을 연출했다.

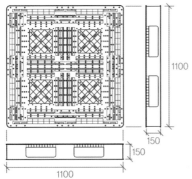

1100

150

150

1100

▶ 개별 파렛트 유닛 상세도.

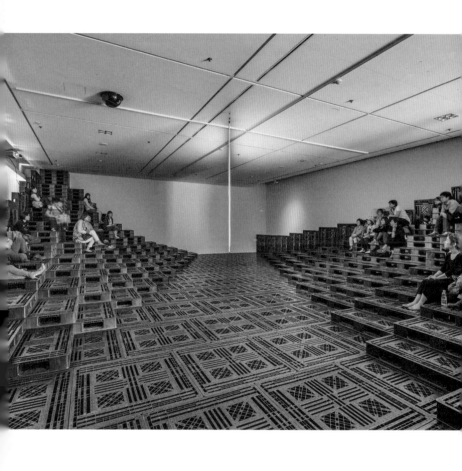

## 바이래터럴 시어터 II
수직 벽체 세우기

파렛트를 수직 벽체로 세워 스크린 효과를 줄 수 있을까?

대구미술관에서는 〈애니마믹 비엔날레〉 전시가 꾸준히 열렸다. 나는 2013-2014 전시에 파렛트를 활용해 '바이래터럴 시어터 I'과 유사한 극장 공간을 설치해 줄 것을 요청받았다. 미술관은 이 전시를 위해 파렛트 천 개를 구입했다. 이 파렛트들로 이전 작업과는 다르게, 새로운 공간에 맞춰 이동 동선과 관람 공간을 구분해 극장을 조성했다.

건축가에게 기존과 똑같은 작업을 반복하는 건 재미없는 일이다. 공간을 구분하기 위해 빛과 시야를 투과하는 스크린 벽체로 파렛트의 가능성을 실험하고자 했고, 이를 위해 처음으로 4단 수직 쌓기를 했다. 과감하게 수직으로 쌓는 방식은 구조체에 파렛트를 활용하는 새로운 방향성을 보여 줬다.

## 텍토닉 랜드스케이프(Tectonic Landscape)
수직 벽과 수평 단 함께 쓰기

파렛트 수직 벽과 수평 단을 섞어 자유롭게 공간을 구성할 수 있을까?

2014년, 대구미술관으로부터 로비에 휴식과 놀이를 위한 공간을 만들어 달라고 요청받았다. 당시 미술관에서는 한국의 산수화를 현대적으로 재해석하는 〈네오산수〉 전을 하고 있었다. 전시에 맞춰 파렛트로 풍경을 담은 수묵화 같은 공간을 연출했다. 연속된 언덕을 만들고 시각에 따라 다채로운 빛이 떨어지도록 높은 스크린 벽을 세웠다.

이 전시로 다양한 수평 쌓기와 이중 벽체로 수직 쌓기를 실험하며 높이 6.6미터의 6단 파렛트 벽으로 둘러싸인 자유로운 휴게 공간을 조성했다. 그 결과, 주어진 공간 내에서 파렛트를 수직과 수평으로 자유롭게 활용할 수 있다는 자신감을 얻었다.

## 노적 아렘(Nojeok Ahrem)
### 외부 공간 조성하기

파렛트로 유기적인 형태의 자유로운 야외 공간을 조성할
수 있을까?

안산 단원미술관(현 김홍도미술관)에서 파렛트는 미술관 앞
마당의 휴식 공간이자 공연이 열리는 무대가 되어 공간과 동
선을 구분하고 연결하는 역할을 했다. 파렛트가 모여 휴식과
놀이, 작은 이벤트까지 가능한 다목적 공간이 된 것이다.

이는 최초로 파렛트를 개방된 야외 공간에 설치한 실험이
었다. 파렛트 설치물 자체가 공간을 분할하고 동선을 규정하
는 작업이기도 했다. 즉, 파렛트로 장소성을 만들어 가며 경
사와 능선, 벽체와 난간 등의 요소로 유기적인 형태와 공간
을 지었다는 데 의미가 있다.

## 컴팩트 시티(Compact City)
### 새로운 엮어 쌓기 실험

파렛트로 높고 거대한 구조물을 만들 수 있을까?

'문화역서울284'는 2004년 KTX 고속철도가 개통되며 폐쇄되었던 구 서울역사를 2011년에 복합 문화 공간으로 재탄생시킨 곳이다. 이곳에 전시 공간을 만드는 프로젝트를 맡았다. 중앙 홀은 아주 높고 광대한 상징적인 공간이었고, 전시 공간을 꾸미기 위해 기존과 다른 새로운 전략이 필요했다.

장소의 규모에 맞춰 새로운 쌓기 방법을 연구한 결과, '엮어 쌓기' 방식을 개발했다. 7단 파렛트로 된 높이 7.7미터의 거대한 벽체를 세워 미로 공간을 조성했다.

실험은 성공적이었다. 다른 보조 구조체 없이 파렛트 자체만으로 전시 공간을 만들 수 있었다. 내부에는 폭포를 주제로 한 미디어 아트가 숨겨져 있어 공간 자체가 하나의 경험적인 전시가 되었다.

이 프로젝트에 활용된 '엮어 쌓기' 방식은 파렛트의 수직적 한계를 넘어서는 획기적인 시도로, 파렛트 설치 공간의 가능성을 무한히 확장해 줬다.

## 2016 서울 건축문화제 을지로 지하보도 전시
전시 공간으로 활용하기

파렛트가 일상적인 도시 공간에 들어오면 어떤 모습일까?

서울시는 2015년부터 '찾아가는 동주민센터' 사업의 일환으로 건축가들과 협업해 지속적으로 각 지역 주민 센터를 개선해 왔다. 2016년 한 해에 진행된 프로젝트 203개를 총 3킬로미터에 이르는 을지로 지하보도에 한 달간 전시했다. 서울시에서 진행한 역대 전시 중 가장 긴 공간에 설치된 것으로, 가장 경제적이고 효율적이어야 하는 작업이었다.

일상 공간 속 이벤트성 전시임을 감안해 시간과 비용을 획기적으로 줄이고 친환경적인 방식을 찾다 보니 다시 재활용 파렛트에 시선이 갔다. 기존 실험들로 쌓인 경험을 바탕으로 다양한 전시 모듈 타입을 개발해 폐기물 없는 친환경 전시를 속전속결로 구현해 냈다.

## 숨바꼭질(Hide-and-Seek)
### 지붕 구조 만들기

파렛트를 지붕이나 천장재로도 쓸 수 있을까?

창원 경남도립미술관 앞마당에 파렛트를 새로운 방식으로 결합해 포켓 쉼터를 설치했다. 비어 있던 공간에 파렛트를 이용해 작고 아기자기한 미로와 그늘을 만들었고, 그 내부는 포켓 이벤트 장소가 되었다. 정해진 동선 없이, 반투명한 벽과 계단으로 아이들에게 숨바꼭질처럼 서로 숨고 발견하는 재미를 주고자 했다.

이 실험에서는 처음으로 파렛트를 지붕재로 활용했다. 수직적인 벽체에 파렛트를 수평으로 끼우고 엮어 그 자체로 천장이 있는 구조물을 만든 새로운 시도였다.

## 팝업 시티(Pop-up City) I
규모에 도전하기

파렛트로 더 넓은 규모의 공간을 조성할 수 있을까?

2018년 수원에서 열린 한국지역도서전을 통해 파렛트의 구축 방식과 활용성을 다시 실험할 수 있었다. 수원화성 행궁터 광장에 2,400여 개의 재활용 파렛트로 새로운 공간을 조성했다.

이는 파렛트로 만든 세계 최대 규모의 공연 및 전시 공간이었다. 공연 무대와 관람 공간, 전시관, 전시 부스까지 모든 구조체가 파렛트로 지어졌다. 폐기물 없는 친환경적인 행사로, 수천 명을 수용할 수 있는 대규모 공간을 사흘 내에 설치하고 하루 만에 철거하는 기록을 세웠다.

## 블랙 큐브(Black Cube)
전시 배경 만들기

파렛트가 전시 배경이 될 수도 있을까?

인천 파라다이스 호텔은 매년 미디어 아티스트를 초청해 전시를 여는 '파라다이스 아트랩' 행사를 주최한다. 이곳에서 파렛트는 전시와 휴게 공간을 조성하는 재료가 되었다.

특히 엮어 쌓는 방식을 최대 규모로 응용해 미디어 아트 전시의 거대한 배경을 만들었다. 단기 전시와 행사에 효율적인 재료의 특성을 살려 이틀 안에 설치했고, 전시 후에는 하루 만에 깔끔하게 철거했다.

팝업 시티 Ⅱ
다른 재료와 융합하기

파렛트에 철물·조명 등 다른 요소들을 더할 수 있을까?

최근 사회적으로 NFT(Non-Fungible Token)가 유행하며
2021년 말 코엑스에서 〈비상한 NFT 아트전〉이 열렸다. 블
록체인 기술을 활용한 NFT 아트 콘텐츠와 모듈화된 재료 파
렛트가 만나 만들어 낸 팝업 전시는 새로운 시대와 문화를
보여 주었다. 엮어 쌓기와 수직 쌓기, 더 나아가 철물과의 조
합으로 지붕 가림막까지 만들며 완벽한 공간 구성 요소로서
파렛트의 가능성을 엿볼 수 있었다.

## 파렛트 실험은 계속된다

요즘 거리를 걷다 보면 이벤트성 팝업 공간을 자주 볼 수 있다. 일주일도 채 되지 않는 짧은 행사를 위해 대부분 목조나 철물을 이용해 팝업 공간을 만든다. 그리고 그곳에 활용된 건축재들은 행사가 끝나면 폐기되어 쓰레기장으로 간다. 공간에 맞춰 재료를 한 번 쓰고 버리는 건 경제적인 손실이자 환경 오염이다.

파렛트는 폐기물을 만들지 않는 친환경적인 재료다. 열 가지 실험을 하며 파렛트가 특별한 전시 공간이나 미술관이 아니라 보다 대중적이고 일상적인 이벤트 공간에도 활용될 수 있다는 가능성을 충분히 봤다. 파렛트에는 무엇이든 구축할 수 있는 잠재성이 있다. 며칠 내에 설치하고 철거할 수 있는 경제성과 효율성도 있다. 누구나 쓸 수 있는 재료다.

단, 디자인과 구조, 시공과 운영에 있어서 경험과 노하우가 필요하다. 나는 공간 구축의 소재로서 파렛트를 널리 알리기 위해 '파렛스케이프'라는 브랜드를 만들고 지금도 다양한 파렛트 실험을 하고 있다.

# 건축은 블록 쌓기에서 시작된다

누구나 파렛트 같은 일상적인 재료를 활용해 건축적 상상력을 발휘할 수 있다. 건물을 설계하는 과정은 기본적으로 이와 다르지 않다. 관습적 사고에 치우치지 않고, 끊임없이 새로운 재료를 발견하고 장소의 특성에 맞게 그리고 상상하는 것이다.

파렛트 작업은 레고 블록 놀이와 같다. 어린아이가 자유롭게 블록을 쌓고 이어 붙이는 것처럼, 작은 요소들을 반복적으로 서로 끼워 맞추고 조합하다 보면 어느새 형태가 되고 공간이 만들어진다. 태초에 인류가 그렇게 움막집을 짓기 시작했고, 첨단 건축 기술도 근본적으로는 이와 다르지 않다.

블록을 쌓고 노는 아이들은 모두 훌륭한 건축가의 자질을 갖췄다. 아이들이 아무 생각 없이 그리고 만들듯 건축가도 백지에서 시작해 무언가를 그리고 만들어 내는 사람일 뿐이다. 자유롭게 상상하고 그리고 만들 때 창의력을 발휘해 새로운 발견을 할 수 있다.

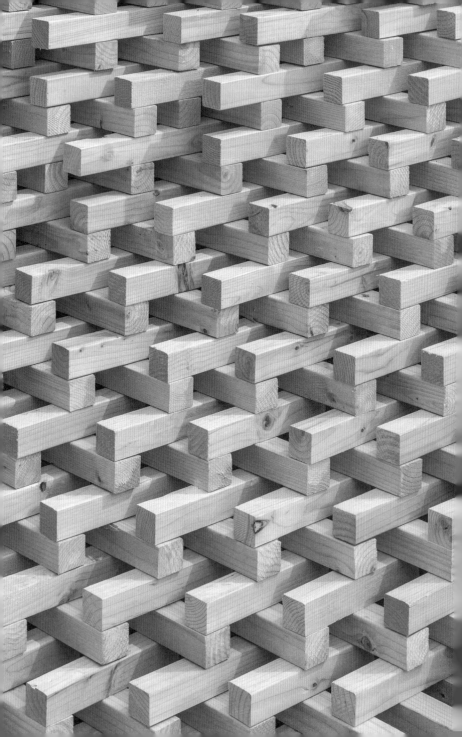

# 9,076개의 각재가
# 사흘 만에 목조 구조물로

건축물은 인간이 만드는 물리적 구조물 중 가장 규모가 크고 복잡하다. 그래서 건축은 필연적으로 '부분'의 서로 다른 반복을 통해 '전체'를 구성한다. 이런 측면에서 건축 형태와 공간을 다양하게 구성하는 데는 크게 두 가지 방법이 있다.

하나는 자연이 그러하듯 '단위 모듈'을 다르게 하는 것, 다른 하나는 동일한 모듈을 사용하되 '구성 방식'을 다르게 하는 것이다. 전자는 기본적으로 모듈 하나하나의 제작 비용이, 후자는 그 구성을 다르게 하기 위한 시공 비용이 많이 든다. 최소의 가공과 시공을 통해 가장 효율적이고 다양화된 구조물을 만드는 방법은 무엇일까?

## 파트 투 홀(Part to Whole)
각재 실험의 시작

2014년 국립현대미술관 서울에 전시되었던 목조 구조물 '파트 투 홀'은 최소한의 가공과 시공만으로 진행된 건축 실험 결과물이다. 당시 〈매트릭스: 수학_순수에의 동경과 심연〉 전시의 일환으로 건축에서의 수학, 건축가가 바라보는 수학이라는 주제로 작품을 제작했다. 부분의 합인 전체, 전체를 이루는 요소인 부분을 가장 효율적으로 표현하는 건축 구조물을 만드는 게 목표였다.

단위 모듈 재료 선정이 가장 중요했다. 모든 프로젝트가 그렇듯 제한된 예산 내에서 최적의 결과물을 만들어야 했다. 가장 활용도가 높고 저렴하며 구성을 다양화할 수 있는 모듈은 무엇일까? 일상 속에서 고민하며 적절한 재료를 찾아다니다 발견한 게 바로 각재였다. 각재는 인테리어 내장 틀로 가장 많이 쓰이는 저렴한 부재로, 한 번의 단순한 커팅으로 다양한 변화를 줄 수 있다.

미술관에 전시할 작품은 형태보다 공간이 중요했다. 중성적인 직육면체에서 시작된 하나의 덩어리에서 가장 큰 부피를 비워 낸, 그러면서도 구조적으로는 자립해 서 있는 실험적인 구조물을 만들기로 했다. 최근 디지털 기술을 이용해 복잡한 계산을 쉽게 하듯 건축에서도 프로그램을 통해 치수

▶ 가장 효율적인 다변화 구조물을 위한 단위 모듈 각재.

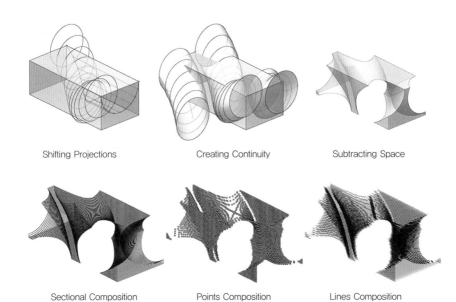

Shifting Projections     Creating Continuity     Subtracting Space

Sectional Composition     Points Composition     Lines Composition

▶ 프로그램을 활용해 만든 기하학적 공간의 형성 단계.

와 물량을 조절할 수 있다. 알고리즘을 잘 이용하면 개수의 많고 적음은 전혀 문제되지 않는다. 전체 9,076개의 각재를 73가지 길이 유형으로 분류 및 가공하고, X-Y 방향으로 서로 교차해 63개 층으로 엮었다.

프로젝트는 모듈당 한 번의 커팅만 하는 최소한의 공정을 거쳐 빠른 속도로 진행되었다. 국립산림과학원 목공소의 도움으로 전체 사전 공정은 정확히 나흘 만에 이루어졌다. 준비된 각재들은 현장으로 운송되었고, 서로 물리고 엮이는 최소한의 조립 과정을 통해 사흘 만에 적층식으로 완성되었다. 이런 축조 방식은 최근 3D 프린팅·로봇 등 첨단 기술을 활용한 새로운 시공 방식과 근본적으로 동일하고, 궁극적으로 시공 자동화의 가능성까지 품고 있다.

그 결과 바닥·벽면·천장이 자연스레 연결되어 흐르고 보는 각도에 따라 다양한 모습을 드러내는 구조물이 만들어졌다. 전체는 부분의 합으로 드러나 마치 뫼비우스의 띠처럼 내외부의 경계가 없고 시작과 끝이 모호한 추상적 공간이 되었다. 통로 같기도 하고, 때로는 휴식 공간도 될 수 있는 독립적인 구조체가 완성되었다.

가로축과 세로축이 번갈아 쌓이며 엮인 나무 구조체는 우리나라 전통 목조 건축 원리와 맥을 같이하며 관람객에게 자연스레 한옥의 처마와 용포를 떠올리게 했다. 이 프로젝트는 2014년, 건물이 아닌 건축 구조체로는 최초로 대한민국 목조건축대전 본상을 수상해 국립현대미술관 전시가 끝난 후 현재는 국립산림과학원 로비로 옮겨져 영구 전시되고 있다.

## 우든 플로우(Wooden Flow)
공간의 흐름을 만들어 준 루버

각재를 이용한 건축 실험은 이후 여러 프로젝트에 다양하게 적용되었다. 그중 하나는 서울시의 '찾아가는 동주민센터' 사업이었다.

홍은1동 주민 센터는 민원대를 기준으로 고객 공간과 서비스 공간이 단절되어 업무를 처리하기 불편한 구조였다. 그래서 고객 공간을 진입 방향으로 완전히 터 주면서 서비스 공간이 고객 공간을 둘러싸도록 구조를 크게 변경했다.

공간 구조를 내외부로 개방하고 근처에 흐르는 홍제천의 시원한 물줄기에서 영감을 받아 내부 공간을 목재 루버로 감쌌다. 목재가 천장을 따라 흐르며 벽이 되고 민원대 등 가구가 되어 전체 공간을 지배했다. 이 프로젝트에서도 목재의 효율적인 가공과 시공 방식이 매우 중요했다. 모듈화되어 사전 가공된 목재 루버는 최소 비용으로 최대 효과를 내며 전체 공간을 하나로 연결했다.

## 스크리닝 스페이스(Screening Space)
공간을 이어 준 모듈형 스크린

모듈을 활용한 부분과 전체의 조합이라는 아이디어는 고운미소치과 강남역점 로비 디자인에서 더욱 확장되었다. 이 교정 전문 치과는 편안하고 세련된 고급 인테리어를 추구했다. 창이 많은 커튼월 건물에 자리잡았지만 고객들에게 아늑하고 사적인 공간을 제공하기 위해서는 번잡한 외부를 그대로 노출하기보다 채광은 되면서 외부의 시선은 차단하는 특별한 방식이 필요했다. 먼저 공간 전체를 감싸고 연결·분리해 주는 '스크린'을 계획하였고, 목재 모듈형 시스템으로 이를 구현했다.

몇 가지 타입의 각재 모듈을 조합해 다변화된 패널 유닛을 만들었고, 이들을 다시 조합한 스크린으로 벽과 천장 등 모든 마감면을 감쌌다. 목재 모듈은 프리패브(Prefab) 방식으로 제작되어 현장에서 간단히 설치할 수 있었다. 최소한의 가공으로 최대한의 다양성을 주는 '파트 투 홀' 디자인에서 진화된 방식으로, 개별 프로젝트의 효율성을 높이는 걸 넘어 디자인 프로토타입을 만들고자 했다.

## 부분과 전체, 그리고 모듈화

건축에서 부분의 집합체인 전체, 전체의 구성 요소인 부분은 각각 중요한 의미를 갖는다. 건축뿐만 아니라 우리 신체 구조도 그렇다. 사람 몸을 보면 세포가 모여 조직을 만들고 조직이 모여 기관을 만들며 기관이 모여 신체를 구성한다. 부분과 전체는 단위 세대가 모여 구성되는 공동 주거, 공동 주거가 모여 만드는 동네, 동네가 모여 생기는 도시에 이르기까지 우리 삶의 터전을 만드는 기본 원리다.

건축 디자인은 단순히 아름다움을 만드는 과정을 넘어 그 구성 원리를 분석하는 과정이다. 디자인에 따라 예상 비용이 좌우되고 같은 비용을 들여도 결과물은 달라질 수밖에 없다. 부분을 모아 전체를 만드는 모듈화 원리는 건축 디자인을 일회적인 소모품이 아니라 체계적인 지적 자산으로 만들어 장기적으로 제품화할 수 있게 한다.

파렛트 실험을 비롯해 목재 모듈을 이용한 여러 작업들은 내게 큰 의미가 있다. 이 작업들의 공통점은 부분과 전체에 대한 고민에서 시작해 그 구조를 직접 만들고 설치하는 과정이었다는 거다. 여기서 방점은 '무엇을'이 아니라 '어떻게'에 찍혀 있다. 무엇을 디자인하는지보다 어떻게 디자인하는지를 고민했다. 나는 계속해서 더 효율적이고 경제적인, 생산

적인 건축에 대해 생각했고, 그 생각들은 이후의 모든 작업
에 큰 영향을 미쳤다.

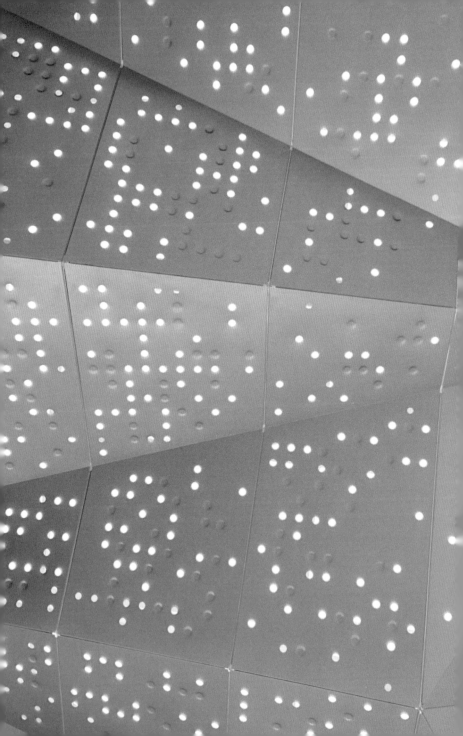

# 기술 혁신,
# 건축재의 새로운 도전

기술은 곧 재료이자 도구다. 근본적인 재료와 도구가 달라지면 디자이너의 구상이 달라지고 결과물이 달라진다. 가공 기술의 혁신은 모든 산업에 변화를 가져왔다. 자동화된 공정과 첨단 기술은 모든 디자인 제품의 트렌드를 바꾸고 있다. 디자인은 소형화·경량화·융합화·맞춤화되었고, 이제 과거에는 불가능했던 형태도 아이디어만 있다면 자유롭게 제작할 수 있다.

현장 중심의 건축 산업은 오랜 기간 다른 산업에 비해 변화에 둔감하게 대처했다. 그러나 최근 기술의 혁신적인 발전으로 건축 디자인도 분업화되었고, 공장 제작과 자동화된 설계 및 시공의 비중이 점점 늘고 있다. 건축물 전체를 공장에서 만드는 모듈러 건축이나 주요 부재를 공장에서 만들어 현장에서 조립하는 프리패브 방식까지 가지 않더라도, 공장에서 제작된 파사드 등 내외장 마감은 이미 기술의 영향을 받고 있다.

## 기술 발전과 외벽 디자인의 변화

　과거부터 건물의 외피는 건축 설계와 재료에 따라 결정되
는 부속품 정도로 여겨져 왔다. 공간과 매스가 우선이고 외
피는 중요하지 않다는 것이 상식으로 받아들여졌기 때문이
다. 그렇지만 건물의 외피를 이루는 모듈이 하나의 프로토
타입이 되어 여러 프로젝트에서 범용적으로 쓰이면 어떨까?
대지에 구속된 건물만을 위한 마감재가 아니라 어디에나 적
용될 수 있는 상품을 디자인하면 지속적으로 부가 가치를 창
출할 수 있지 않을까?

　최근 건물 외벽은 공간과 기능을 반영할 뿐 아니라 트렌드
에 맞춰 자유롭게 개성을 드러내는 표현 수단이 되었다. 주
변을 둘러보면 다양하고 화려한 옷을 입은 건물이 종종 보인

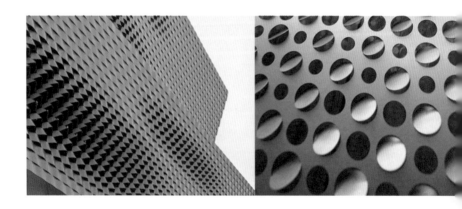

다. 건축가들은 디자이너로서 확장된 업역을 갖게 되었다.

한편 국내외에서 탄소 중립에 대한 인식이 높아지자 신재생 에너지 설비 설치가 의무화되고 있다. 단순히 지붕에 태양광 패널을 덧대는 것만으로 부족하다. 많은 건축물이 벽면과 주차장까지 활용해 자체 에너지 생산량을 늘리고 있다. 이미 건물부착형(BAPV), 건물일체형(BIPV) 등 다양한 태양광 패널 외장재가 나와 있고 그 기능을 넘어 디자인까지 고려한 특수한 패널로 발전하고 있다.

나도 이런 변화의 흐름에 따라 디지털 디자인과 차세대 첨단 제작 기술을 조합해 조형물·인테리어·파사드·도시 인프라 시설 등 다양한 공간에 맞춰 활용할 수 있는 양산형 모듈과 패널을 개발하고자 끊임없이 연구해 왔다.

▶ 건축물의 개성을 드러내는 다양한 외벽 패널.

## 스마트 모듈
어디에나 적용하다

'스마트 모듈'은 이런 트렌드에 맞춰 디자인하고 만든 친환경 패널이다. 이 연구 개발 프로젝트는 처음부터 양산성을 위해 자동 공정 방식으로 진행되었다. 정형적인 모듈을 염두에 두고 태양광·조명·오프닝 등 요소를 고려해 다양한 입체 패턴을 여러 차례 연구했다. 모든 연구는 스틸과 자동 절곡 기술을 활용해 디지털과 실물 종이 모형을 오가며 디자인하고 상세 디테일을 수정하는 식으로 진행됐다. 공장에서 스틸로 일대일 목업을 진행하며 꾸준히 완성도를 높였다.

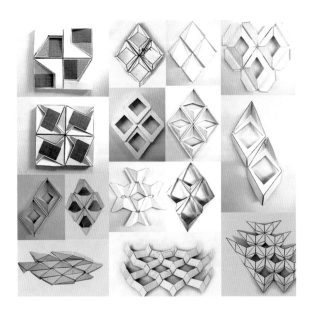

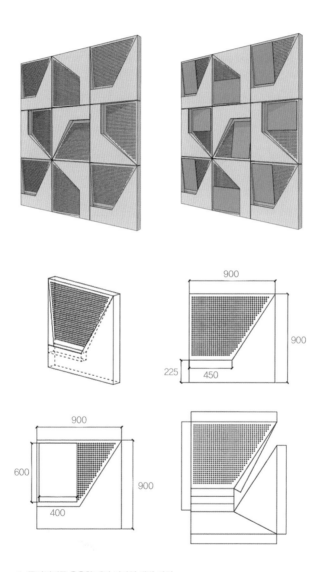

▶ 종이접기를 응용한 패널 디자인 개발 과정.

결과적으로 개발된 모듈은 가로세로 각각 900밀리미터의 패널로 정교한 디테일은 물론이고 다양한 프로젝트에 적용할 수 있는 범용성과 자동화 제작 공정 덕에 높은 경제성까지 갖췄다. 기하학적으로 조합해 입면에 다채로운 시각 효과를 줄 수 있고, 벽과 지붕 등 기존 건축물 어디에나 적용될 수 있으며, 건물 일체형이 아닌 일반 PV(Photovoltaics) 패널이기에 효율성도 높았다.

긴 개발 과정을 거쳐 완성된 '스마트 모듈'은 여러 프로젝트에 활용되었다. 비록 최종 적용되지는 못했으나 포항공대 '78계단 타워'에 활용해 자가 발전하는 스마트 외벽을 구현하고자 했다. 조형물에도 적용되어 제주도 애월의 타운하우스 '바인845'의 랜드마크 쉼터에 사용되었다. 그 외 여러 프로젝트에 적용 검토 중이며, 누구나 활용할 수 있는 디자인 외장재로 제품화되었다.

▶ 스마트 모듈을 응용해 제작한 포항공대 78계단 엘리베이터 타워 렌더링.

▶ 제주도 바인845 타운하우스 단지 내 캐노피.

## 복합 가공 패널
최첨단 기술을 활용하다

건축재를 제작하고 가공하는 기술은 건축가들이 따라가기 힘들 정도로 빠르게 발전했다. 최근에는 단순히 레이저로 절단하는 수준을 넘어 3차원적으로 자르고 누르고 접고 찢는 등 복합 가공 기술까지 활용되고 있다.

이런 첨단 기술을 활용해 '복합 가공 패널'을 연구 개발했다. 자르기부터 둥글게 말기까지 모든 공정을 자동화해 만들 수 있는 패널 모양은 무궁무진하다. 발전된 기술을 활용해 범용성과 경제성을 두루 갖춘 새로운 디자인 패널 상품을 만드는 게 목표였다. 디지털로 가능한 모든 모양을 디자인해 여러 번의 일대일 목업 제작을 하고, 복합 가공 기술을 활용해 어디에나 사용할 수 있는 패널을 개발했다.

개발된 패널은 먼저 인천 서곳근린공원에 적용되었다. 인천 서구청은 공원 축구장에 캐노피를 설치해 사람들이 경기를 관람하고 휴식할 수 있는 그늘 쉼터를 만들고자 했다. '오리가미 캐노피'는 첨단 기술과 실험적인 디자인으로 만들어낸 자연 속의 쉼터다.

면재가 접힌 듯한 입체적 형태로 디자인된 길이 5미터의 캔틸레버 구조체는 건물과 건물 사이 좁은 틈에 설치되었다. 여러 번의 목업을 통해 검증된 복합 가공 패널을 음각으로

▶ 복합 가공 작업 중인 프레스컷 프로세스 머신.
다양한 형태로 일대일 목업 제작 실험을 했다.

적용해 캐노피가 완성되었다. 오리가미 캐노피는 낮에는 은은하게 투과되는 빛과 음영으로 공원 방문객들의 쉼터가 되어 주고, 밤에는 빛을 반사해 주변의 시선을 모으며 공원 중심부의 랜드마크가 되었다.

복합 가공 패널은 다른 프로젝트에도 응용되었다. 한국외국어대학교 글로벌캠퍼스는 2킬로미터에 달하는 외대로를 따라 길게 뻗어 자리하고 있다. 현장을 방문해 주변 환경을 살펴보니 학생과 교직원은 주로 버스나 차량으로 등하교했고 정문은 그저 차창 밖으로 지나치는, 존재감 없이 낙후된 공간으로 방치되어 있었다.

나는 이 프로젝트를 맡아 동선이 만드는 공간적 특성을 고려해 사람들이 지나다니며 정문을 쉽게 인지할 수 있도록 바꿨다. 기존 정문의 재료와 형태에 금속과 빛이라는 새로운 개념을 더해 미래 지향적인 비전을 보여 주고자 했다. 양각으로 음영이 새겨진 복합 가공 패널은 빛의 열주가 되어 낮에는 주변 빛과 자연을 반사하고, 밤에는 내부 조명을 밝혀 시선을 모아 주는 중추적인 역할을 한다.

## 롤링 패널(Rolling Panel)
디자인 패널을 제품화하다

기술 발전은 무엇이든 만들 수 있는 가능성과 기회를 주었으나 어떻게 만들지는 알려 주지 않는다. 결국 새로운 기술을 어떻게 활용할지는 디자인의 몫이다.

복합 가공 패널이 단순히 복합 가공 기술로 만들 수 있는 가능성에 대한 탐구였다면, 이번에는 재료의 속성 분석에서 시작해 '롤링 패널'을 만들었다. 스틸은 차갑고 날카로운 감성과 주변을 반사하는 물성, 타공을 통한 스크린 효과와 폴딩·커팅·프레싱 과정을 통한 입체성을 갖는다.

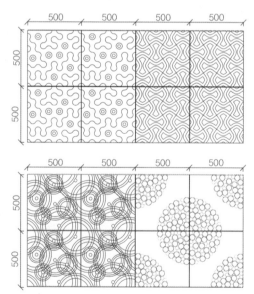

▶ 스테인리스
내외장재 롤링 패널
디자인.

　　부드럽고 따뜻한 감성, 은은하게 반짝이는 물성, 입체적
이면서 경제적인 가공성 등 디자인의 목표를 설정하고 시장
조사를 통해 전 세계 스틸 내외장재의 규격·가격 등을 조사
했다. 이후 스테인리스의 가공성에 대해 수십 번의 목업 패
턴 디자인과 테스트를 거쳐 결과적으로 각기 특장점이 다른
4가지 타입의 내외장 스테인리스 패널을 개발했고 본격적인
제품화 절차에 들어갔다.

## 기술은 계속 변화한다

오리가미 캐노피와 한국외대 정문 디자인은 복합 가공 패널 개발과는 독립적으로 진행된 개별 작업이다. 복합 가공 기술과 그에 맞는 디자인 대상을 알아보던 중 비슷한 시기에 내가 진행하던 프로젝트에 적용한 것이다. 기술이 디자인적 상상력을 자극했고 현실 속 프로젝트까지 연결되어 재료의 디테일을 살린 좋은 결과물이 나왔다.

아는 만큼 보인다는 말이 있다. 더 나아가 아는 만큼 상상하고 상상하는 만큼 그릴 수 있다. 재료와 도구를 아는 만큼 디자인할 수 있다. 재료를 가공하는 기술과 도구는 너무나 빠르게 발전하고 있다. 기술을 얼마나 잘 이해하고 어떻게 활용하는지에 따라 건축가의 상상력은 차원을 넘나들고, 이는 그 결과물인 디자인으로 이어진다.

많은 건축가가 새로운 기술에 크게 관심을 보이지 않는다. 건축이라는 산업이 워낙 보수적이고, 건축물을 짓는 과정이 워낙 복잡하고 현실적이기 때문이다. 건축 자체가 새로운 기술보다는 유명 건축가의 명성과 감성적인 디자인에 좌우되는 측면이 있다. 그러다 보니 도제식 교육과 권위적인 실무의 잔재가 여전히 남아 있다.

그러나 건축에는 새로운 기술이 요구된다. 건축가는 기술에 관심을 갖고 적극적으로 응용해야 한다. 학생 때 배웠던 기술과 도구만으로 건축하는 시대는 지났다. 눈과 귀를 열자. 끊임없이 배우고, 익히고, 응용해야 한다.

# 측벽의 시대,
# 아파트 입면 디자인하기

지역별로 주거 형태에 큰 차이를 보인다. 기후와 지형 등 자연 조건부터 사람들이 살아 온 문화·가치·생활 방식 등 사회적 조건까지 더해진다. 개성과 다양성, 프라이버시를 중요시하는 서양에서는 고층의 획일적인 아파트를 찾아보기 어렵다. 그들은 아파트라 해도 타워형이나 테라스하우스, 복층 등 개성 있는 형태를 선호한다.

우리나라에서 아파트는 주거 형태의 60퍼센트 이상을 차지한다. 오피스텔, 빌라 등 대부분 공동주택도 아파트형으로 지어졌다. 부동산 시장은 아파트 시장으로 대변되고 있을 정도다. 아파트는 상품이자 가계의 주요 자산이며 국가 경제의 큰 부분을 차지한다. 아파트는 우리나라 거의 모든 도시의 경관을 지배하고 있다. 중저층 판상형부터 초고층 주상 복합 아파트까지, 이미 우리는 콘크리트 숲속에서 살아가고 있다.

## 아파트, 도심의 랜드마크

1990년대까지 국내 아파트 외관은 천편일률적이었다. 정면에는 각 세대별 창문과 공동 현관 역할을 하는 발코니를 두고 측면에는 콘크리트에 몰딩 텍스처를 입히거나 페인트를 칠하는 것이 전부였다. 그러나 2000년대 이후 아파트 시장이 활성화되자 건설사들은 앞다퉈 자사 브랜드를 내세우기 시작했다. 이는 자연스레 다양한 디자인으로 이어졌다. 건설사들은 아파트 옥탑부·기단부·창호·문주(門柱) 등 시각적으로 돋보이는 모든 부분을 꾸몄다.

최근 10년 사이 부동산 시장이 과열되며 건설비 대비 분양가가 상승하자 건설사들은 디자인에 더 많은 비용을 들이기 시작했다. 오늘날 많은 건설사가 한국형 아파트의 기본 틀은 유지하되 디자인 영역으로서 측벽에 주목하고 있다. 경관 조명을 가미한 디자인으로 브랜드 정체성을 강화하고 더 나아가 도심 속 랜드마크로 만들려는 것이다. 이전에는 소모적이고 낭비라고 치부되던 것들이 이제는 상품 가치를 높이고 도시 경관을 바꾸는 중요한 요소가 되었다. 이는 시민들이 받아들여야 하는 현실이고 건축가들에게는 새로운 기회다.

▶ 여러 아파트 측벽 디자인.
다양한 재료와 조명으로 측벽을 강조한다.

## 더샵 아파트 측벽 디자인 프로젝트
브랜드 정체성을 살려라

전국 각지에서 매년 새로운 브랜드 아파트가 지어진다. 이들은 브랜드 정체성을 유지하되 지역에 따라 확연히 다른 주변 경관·부동산 가격·입주자의 요구 조건까지 모두 고려해 설계되어야 한다. 같은 디자인으로 뻔한 풍경을 만들기보다 확고한 정체성을 보여 주면서도 필요에 따라 패턴을 달리할 수 있는 가변적인 디자인 방식이 필요하다.

포스코건설의 더샵 아파트 측벽 패널은 단지에 따른 가변형 디자인을 목표로 만들어졌다. 더샵 브랜드 측벽의 기존 디자인에서 착안해 2차원 패턴의 깊이와 가로세로 경사 등을 다변화해 3차원 입체 모듈로 치환했다. 이 모듈이 모여 원하는 대로 변형 가능한 파라메트릭 디자인(Parametric Design, 치수 등을 매개변수로 설정하고 디지털 기술을 활용해 쉽고 유연하게 조절하는 방식) 과정을 거쳐 임의의 패턴으로 만들어진다. 빛과 그림자·밀도와 흐름·재료와 비용 등 여러 조건에 따라 디자인 패턴을 바꿀 수 있다. 하나의 정체성은 유지하되 주변 환경에 따라 변형 가능한 디자인 프로토타입을 고안한 것이다.

이렇게 기본 시안을 그려 놓고 금속 재료의 속성을 가장 잘 살리는 디테일과 조명을 적용해 최종 디자인을 완성했다.

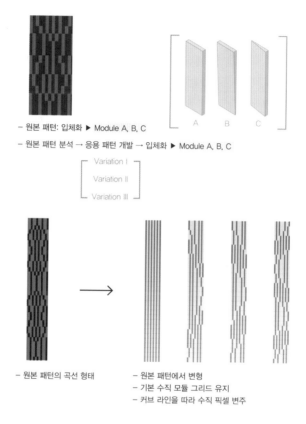

- 원본 패턴: 입체화 ▶ Module A, B, C
- 원본 패턴 분석 → 응용 패턴 개발 → 입체화 ▶ Module A, B, C

Variation I
Variation II
Variation III

- 원본 패턴의 곡선 형태

- 원본 패턴에서 변형
- 기본 수직 모듈 그리드 유지
- 커브 라인을 따라 수직 픽셀 변주

▶ 더샵 아파트 측벽 파라매트릭 디자인 스터디 과정.

낮에는 경사진 모듈의 빛과 그림자가 만드는 미려한 패턴이 보이고, 밤에는 은은한 빛이 벽을 따라 흐르며 건물의 수직성을 강조한다. 건물 측벽은 그 자체로 조형물이자 주변 경관의 일부가 된다. 이 디자인은 광주 염주더샵센트럴파크 아파트를 비롯해 각지의 더샵 아파트에 적용되어 시공 중이다.

## 거부할 수 없다면 개선하라

건축가 입장에서 한국형 아파트가 우리 삶과 도시에 적합한 이상적인 주거 형태라 할 수는 없다. 너무 획일적이고 내외부를 단절해 이웃들과 소통할 수 없는 폐쇄적인 구조기 때문이다. 가끔은 주변 환경보다 땅값에 좌우되는 비정상적인 상품으로 보이기도 한다. 그래서 한국형 아파트는 건강한 도시와 살기 좋은 생활 환경을 고민하는 건축가들에게 종종 크게 비판받는다.

그렇다고 모두가 아파트를 비판하고 거부하는가? 아파트의 문제점을 지적하면서도 정작 우리는 아파트를 벗어나 살지 못한다. 높고 딱딱한 담장을 비판하지만 내 사생활은 철저히 보호되길 바란다. 집값이 오르는 것을 비판하면서 내가 소유한 아파트 값은 끊임없이 오르길 바란다. 산동네 골목길의 푸근한 정서를 그리워하고 찬양하지만 그런 곳에 살겠다고 아파트를 버리고 나갈 사람이 있겠는가?

통계에 따르면 우리나라 사람들 중 절반 이상이 아파트에 살고 있다. 그게 현실이다. 불가능한 근본적 변화만 주장하기보다 현실을 인정하고 그 안에서 바꿀 수 있는 부분을 개선하고 발전시켜 나가는 것이 적절하다. 측벽·문주·조경 시설 등 디자인 차별화에 나선 신축 아파트들은 더 나은 도시 경관을 만드는 데 일조한다. 이런 작은 변화가 모여 디자인의 가치가 높아진다. 아파트를 보는 사람들의 시선이 달라질 때 우리 건축도 함께 발전할 수 있다.

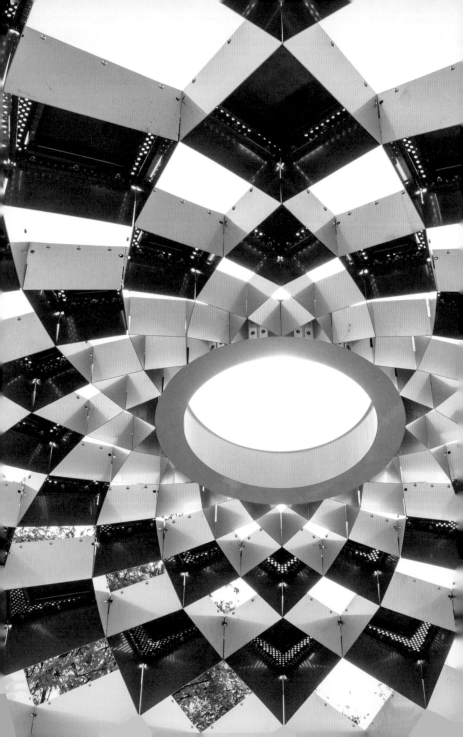

# 자연에서 찾은
# 친환경 구조물

건축은 자동차·선박·항공기 등 다른 산업과 달리 장소성
을 벗어나기 힘들다. 또한 노동 집약적인 현장 시공에 의
존한다. 하나의 건축물은 한 장소에서만 소비되어야 하
고, 시공 여건에 따라 그 품질도 천차만별이다. 그러나 최
근 제작 기술의 발달로 건축물을 양산해 곳곳에 지을 수
있게 되었고, 그 영역도 쉼터·전기차 충전소·태양광 발전
시설·가로등·벤치 등 도시의 다양한 공공시설로 넓어지
고 있다.

최근 저탄소, 신재생 에너지 등 친환경에 대한 사회적 관
심이 높다. 건축계에서도 친환경 인증과 에너지 활용에
대한 양적 지표를 마련했다. 그러나 이런 기준과 지표를
맞추려다 보면 디자인에 소홀해지기 쉽다. 그래서 태양광
패널은 종종 건축물과 잘 어우러지지 못하고 흉물이 된
다. 인증 혹은 양적 지표를 위해 억지로 만드는 애물단지
취급을 받기도 한다.

## 솔라파인(Solar Pine) I
솔방울에서 발견한 자연의 패턴

'솔라파인'은 태양광 쉼터로, 공장에서 대규모로 양산하여 장소와 배경에 맞춰 변형해 설치할 수 있도록 제작되었다. 구상 단계부터 디지털 패브리케이션 등 첨단 스마트 기술을 활용한 미래 지향적 혁신 산업의 시작점을 목표로 했다.

솔라파인은 자연에서 흔히 볼 수 있는 간단한 기하학적 패턴에서 영감을 받았다. 자연에는 솔방울과 꽃잎 등 중력에 저항해 수직 방향으로 자라나고 햇빛을 최대한 많이 받기 위해 힘껏 뻗어 나가는 식물 특유의 패턴이 있다. 솔라파인은 이렇게 태양광을 최대한 흡수하려는 자연의 원리를 응용한 것이다.

솔라파인 상부를 살펴보면 태양광 패널로 이루어진 지붕

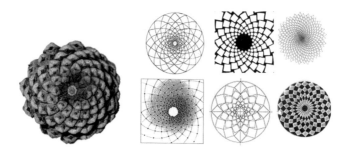

▶ 솔방울 패턴의 기하학적 분석.

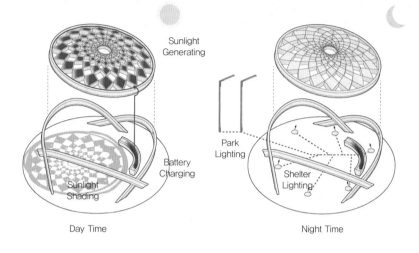

| Day Time | Night Time |

Sunlight Generating
Battery Charging
Sunlight Shading

Park Lighting
Shelter Lighting

▶ 솔라파인의 기능과 구조도.

이 살짝 기울어져 있고, 하부에는 뜨거운 햇살을 막는 그늘
이 있다. 햇살을 피하고 태양광 에너지로 바꿔 능동적으로
이용하는 친환경 쉼터인 셈이다.

처음 제작한 솔라파인 I을 인천 청라 포스코에너지 그린파
크에 설치했다. 지름 7.2미터의 원형 구조체 지붕은 태양광
패널 54개로 덮여 시간당 1.2킬로와트의 전기를 생산한다.
구멍을 중심으로 솔방울처럼 퍼져 나가는 패턴인데, 태양광
패널과 그에 필요한 모든 장치가 연결되어 있다. 이런 디테
일이 구조물을 기능에만 충실한 삭막한 철제 인공물이 아니
라 자연의 일부처럼 느껴지게 한다.

하부에는 아름다운 그림자 패턴으로 그늘이 생겨 뜨거운

햇빛을 막아 준다. 이 그늘은 시간에 따라 모양이 변하며 그 자체로 해시계가 되어 쉼터 이용자들에게 시간을 짐작해 보는 재미도 준다. 내부 벤치는 태양광 에너지를 저장하고, 한쪽에는 실시간 발전량이 표시된다.

솔라파인의 재료는 '포스맥(PosMac)'이다. 포스맥은 디지털 패브리케이션 방식으로 제작한 내식성 좋은 첨단 강건재다. 솔라파인은 현장에서 며칠 안에 단순 조립 작업으로 완성할 수 있다. 그늘에 앉아 올려다보면 각 모듈이 어떻게 조립되고 합쳐졌는지 자세히 관찰할 수 있다.

주변이 어두워지면 빛 감지 센서가 작동해 태양광 발전은 저절로 종료되고 낮 동안 충전된 전기로 조명을 밝힌다. 사용되고 남은 전기는 보관되었다가 필요에 따라 재활용되고, 공원 방문객들에게 휴대폰 충전·무료 와이파이·사물 인터넷 등 다양한 부가 기능을 제공한다.

솔라파인 II
지속 가능한 상품으로 개발하기

아무리 유명한 건축 작품도 두 번 짓지는 못한다. 왜 건축은 장소에 구속되고 일회적이어야 할까? 양산화를 전제로 두세 번 반복하여 개발하면 건축물도 더 진화하고 발전하지 않을까? 해마다 새로 나오는 스마트폰처럼 솔라파인도 두 번째, 세 번째 버전을 거쳐 진화할 수 있지 않을까? 그간의 노력을 한 번의 결과물로 끝내기는 아쉬웠다.

솔라파인이 처음 설치된 후 2년여 동안 완성도 높은 상품으로 개발하기 위해 연구를 멈추지 않았다. 수많은 목업 과정으로 디테일을 개선하고 구조물을 경량화했으며 자동 제작 시스템도 도입했다. 오랜 기간 많은 사람들의 피땀 어린 노력과 헌신이 있었다. 두 번째 버전을 개발하고 얼마 후, 드디어 기회가 찾아왔다.

2018년 마포구 상암동 월드컵공원 내 서울에너지드림센터 앞에 솔라파인 II를 설치했다. 스테인리스만을 사용해 공장에서 일괄 제작되었고 현장에 그대로 갖다 놓는 걸로 설치는 간단히 끝났다. 실시간 통합 대기질 데이터 알리미·조명·유무선 충전·테더링 스피커·온열 벤치 등 부가 기능이 더해져 상품 가치도 높아졌다. 어디에도 자신 있게 내놓을 수 있는 친환경 쉼터 구조물이 됐다.

솔라파인 Ⅲ
같은 디자인을 여러 장소에 설치하기


　잘 만든 제품은 많이 팔려야 한다. 솔라파인을 잘 디자인하고 만들었으니 여러 곳에 설치해야 했다. 다양한 장소에 여러 대 놓는 게 프로젝트 초기의 중요한 목표 중 하나였다.

　월드컵공원에 솔라파인 Ⅱ를 설치한 후 2년여 동안 지속적으로 제품을 업그레이드하다 드디어 새로운 기회가 생겼다. 2021년 대전광역시 'Re-New 과학마을 조성 사업'의 일환으로 유성구 엑스포 공원 인근 탄동천을 따라 세 곳에 각각 솔라파인 Ⅲ을 설치했다. 여기서는 솔라파인이 사물 인터넷 기반의 스마트 쉼터라는 점에 초점이 맞춰졌다. 따라서 스마트 미디어 보드와 연동되어 인공지능을 통한 위급 상황 알리미, 디지털 전광판을 통한 주변 정보 제공 등 새로운 부가 기능이 추가되었다.

　이를 통해 당초의 목표는 달성했다. 그러나 여기서 끝이 아니다. 솔라파인을 어디에나 적용할 수 있는 새로운 스마트 쉼터로 지속적으로 개발해 전국 곳곳에 짓고 더 나아가 해외에까지 수출시키고자 '솔라스케이프'라는 브랜드도 만들고, 지금까지 노력하고 있다.

▶ 서로 다른 곳에 설치된 세 개의 솔라파인 Ⅲ.

## 솔라스톤(Solar Stone)
상품성 제대로 갖추기

공장에서 자동화 과정을 거쳐 제작되는 건축에는 또 다른 잠재성이 있다. 일관된 품질을 유지하며 양산할 수 있을 뿐만 아니라, 어느 곳으로나 자유롭게 옮겨 지을 수 있는 하나의 상품이 된다.

솔라스톤은 솔라파인의 성공을 기반으로 최근 새롭게 개발한 친환경 쉼터 구조물이다. 하나의 커다란 돌덩이 같은 자연스러운 형상으로 디자인되었다. 솔라스톤에도 솔라파인과 마찬가지로 태양광 발전과 조명, 유무선 충전 등 유용한 기능을 탑재했다. 동시에 비와 자외선을 완벽히 차단할 수 있는 반투명 지붕과 사람이 최대 10명까지 앉을 수 있는 넓은 벤치를 제공하였다. 효율성과 경제성을 위해 사이즈를 최적화하고 경량화해 2톤 미만으로 제작했다. 전체 구조물은 솔라파인과 마찬가지로 내식성 강건재 포스맥으로 제작되어 내구성이 강하다.

첫 솔라스톤은 높은 산에 설치되었다. 대상지는 경기도 하남시 검단산 정상 근처 해발 550미터의 공터였다. 솔라스톤은 완제품으로 공장에서 생산되어 트럭과 헬기로 산 정상까지 배송되었다. 전 세계에 유례없는 시도였다. 헬기로 배송하는 친환경 구조물의 첫 삽이었다.

솔라스톤은 기성 건축의 한계를 완전히 벗어던진 건축 디자인 결과물이다. 이제 솔라스톤으로 도시와 자연 어느 곳에나 잘 어울리는 친환경 구조물 시장을 개척하고자 한다.

건축과 친환경의 한계를 넘다

솔라파인과 솔라스톤은 건축물은 아니지만 구조와 기능을 지닌 건축의 축소판으로 자동화 제작 가능성을 보여 줬다. 건축 산업이 가진 장소성과 현장 시공의 한계를 벗어나 정확하고 신속한 양산형 작업이 가능함을 입증했다. 더 나아가 건축 디자인이 한 번에 그치지 않고 자동차나 스마트폰처럼 하나의 상품으로 지속적으로 연구 개발되고 진화했다는 점과 여러 장소에 맞춤형으로 설치되었다는 점이 혁신적이다.

솔라파인과 솔라스톤은 구조체와 태양광이 일체화되는 조화로운 디자인으로 적정량의 전기를 생산한다. 최근 우리 도시와 건축에서 태양광을 다루는 방식은 이와 다르다. 점차 강화되는 제로 에너지 건축의 기준을 통과시키려다 보니 발전량 늘리기에 초점이 맞춰져 간혹 건축물의 지붕과 외벽이 태양광 패널로 무분별하게 도배된다. 모든 건축물이 최대한의 에너지를 생산할 필요가 없고 도시가 태양광 패널로 뒤덮일 필요도 없다. 그러면 친환경은 얻을지 몰라도 도시와 건축의 문화적 가치는 잃어버린다.

이제는 친환경 건축도 질적인 면에서 접근해야 한다. 발전량이 몇 킬로와트인지보다 발전 설비를 어떻게 만들 것인지, 그 전기를 어떻게 쓸 것인지가 중요하다. 기능과 용도를 종합적으로 고려해 적정량의 에너지를 생산하는 지혜가 필요하다. 장기적 관점에서 그리고 도시 건축적 관점에서 신재생 에너지 시설이 건축물의 전체 혹은 일부와 조화롭게 디자인되고 설치되는지가 중요하다. 우리 주변에서 솔라파인이나 솔라스톤 같은 친환경 디자인 구조물을 더 자주 볼 수 있으면 좋겠다.

# 기하학이 만들어 낸
# 특별한 디자인

고대부터 건축은 기하학적 원리를 따랐다. 무너지지 않도록 안전하게 계산된 구조여야 했고, 거대한 규모를 효율적으로 시공하기 위해 정확한 수치가 요구됐기 때문이다. 수학적 비율에 의한 완벽한 미감까지 따져 왔다는 점에서 기하학은 건축의 필수 요소라 할 수 있다.

고대의 피라미드, 파르테논 신전부터 현대의 첨단 스마트 빌딩까지 곳곳에서 건축의 기하학적 특징을 쉽게 찾을 수 있다. 시대에 따라 약간의 차이는 있지만 기하학을 활용한다는 기본 원리는 크게 변하지 않았다.

## 위상기하학의 신비한 도형들

19세기 말에 등장한 '위상기하학(Topology)'은 20세기 들어 현대 수학의 중요한 이슈로 자리잡았다. 기존 유클리드 기하학에서는 각 형태가 개별적인 성질을 띠며 유한한 공간과 공간 사이에 절대적인 구분이 있다고 보았다. 그러나 위상기하학은 모든 형태가 변화하고 이어질 수 있다고 본다. 즉 점이 이어져 선이, 선이 이어져 면이 될 수 있는 차원이 존재한다. 내외부가 뒤바뀔 수도 있다. 위상기하학은 추상적인 공간을 추구했던 모더니즘 건축 사조와 맞물리며 전 세계 건축가들의 주목을 받았다.

대표적인 위상기하학 도형으로 우리에게도 친숙한 '뫼비우스의 띠(Mobius Strip)', '클라인의 병(Klein Bottle)' 등이 있다. 이런 도형들은 곡면을 기준으로 앞뒤·위아래·안팎의 구분이 없어 착시 효과를 불러일으킨다. 하지만 기하학적으로는 완벽해 수학적인 계산이 가능하고 그 형태를 만들 수도 있다. 최근 디지털 기술의 발전으로 이런 형태를 얼마든지 구현할 수 있고, 도전적인 건축가들을 중심으로 활발한 실험도 진행되고 있다.

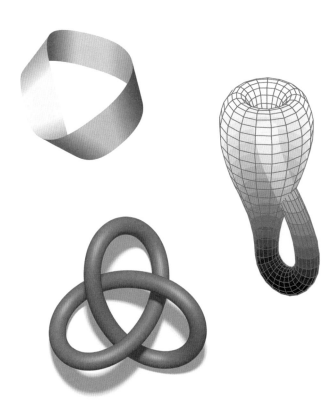

▶ 여러 위상기하학 도형들.
왼쪽 위부터 시계 방향으로 뫼비우스의 띠,
클라인의 병, 트레포일 낫.

## 다이나믹 릴렉세이션(Dynamic Relaxtion)
기하학, 조형물이 되다

'트레포일 낫(Trefoil Knot)'이라는 위상기하학 도형에서 아이디어를 얻어 '다이나믹 릴렉세이션'이라는 구조물을 만들었다. 얼핏 단순해 보이는 구조체를 응용해 설계한 이 조형물은 2015년 올림픽공원 소마미술관의 '야외 프로젝트 S'라는 설치 미술 공모전 당선작이다. 전체 길이 9.5미터에 높이 3.2미터의 거대한 스틸 구조물로, 기하학적 곡선을 정삼각형 단면을 가진 7개 타입의 모듈로 나눴다. 각 모듈의 길이는 2미터 내외였고, 총 21개의 모듈을 제작했다.

모듈들은 3일 만에 현장에서 조립 설치되었다. 완성된 조형물은 현실에서 마주한 적 없는 낯설고 새로운 모습이지만 어디선가 본 듯 매우 친숙하다. 올림픽공원은 주민들의 생활체육 시설이다. 다이나믹 릴렉세이션은 그물을 걸쳐 면을 구획해 마치 배드민턴 라켓이 꼬인 듯한 모습으로 공원의 역동성을 상징하는 아이콘이 되었다.

조형물은 각도에 따라 다르게 보인다. 세 가닥 파이프가 교차하며 엮이고 세 지점에서 안정적으로 지면에 닿는다. 모듈 자체가 3차원적으로 휘어져 제작되었고, 이는 세계 최초로 파이프로 만들어진 위상기하학적 디자인이다. 이런 형태는 규모에 따라 조형물부터 건축물까지 두루 적용할 수 있는

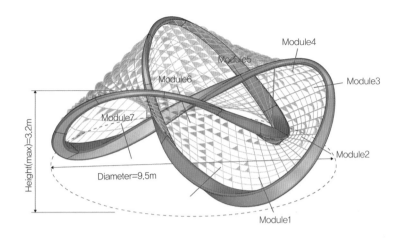

Module4

Module5

Module6

Module3

Module7

Height(max)=3.2m

Diameter=9.5m

Module2

Module1

▶ 다이나믹 릴렉세이션 구조도.
7개의 모듈이 3번 반복되는 방식으로 풀어냈다.

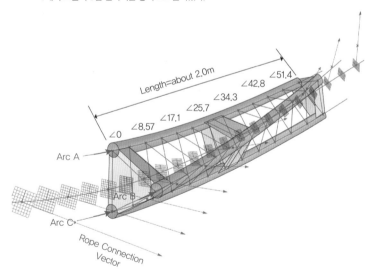

Length=about 2.0m

∠51.4

∠42.8

∠34.3

∠25.7

∠17.1

∠8.57

∠0

Arc A

Arc B

Arc C

Rope Connection
Vector

▶ 다이나믹 릴렉세이션 모듈 상세도.
각 모듈의 무게는 60킬로그램 가까이 되고, 그 시작부터 끝까지 정확히 51.4도 회전한다.

무한한 잠재성이 있다.

파이프를 따라 펼쳐진 그물은 그늘 쉼터이자 해먹이 된다. 이 구조물에는 얼핏 내부처럼 느껴지는 부분도 있지만, 자세히 보면 뫼비우스의 띠처럼 내외부가 혼재되어 구분되지 않고 바닥·벽·천장이 하나로 흐른다. 단순히 관람이 아니라 체험을 위한 조형물로, 사람들로 하여금 직접 들어가 경험하고 싶도록 호기심을 자극한다.

다이나믹 릴렉세이션은 처음부터 사람들이 올라가 앉도록 기획됐다. 전문가 검토까지 거쳐 안전성도 보장됐다. 기획 취지에 맞게 설치 기간 내내 사람들이 즐길 수 있도록 개방되어 많은 관심과 사랑을 받았다. 호기심 많은 아이들에게는 놀이터가, 어른들에게는 신기한 관람의 대상이 되어 주었다. 그러나 사람이 너무 많이 몰리자 안전에 대한 우려가 커졌고, 결국 설치된 지 3개월 만에 철거되었다.

## 인피니트 엘리먼츠(Infinite Elements)
조형물에 미디어 아트 더하기

비록 그 모습은 다시 찾아볼 수 없지만, 구조물의 가치는 남아 있었다. 2016년, 다이나믹 릴렉세이션은 광주비엔날레 폴리 전시에서 '인피니트 엘리먼츠'로 새롭게 재탄생했다.

기존 구조체를 해체 및 재조립했고, 3차원 면은 신수경 작가와 협업해 새로운 미디어 아트 작품이 됐다. 구조체의 무한한 이미지에서 시작해 과거·현재·미래로 이어지고 반복되는 움직임과 생동감 넘치는 생명체를 빛으로 표현하고자 했다.

끝나지 않는 역동적인 궤도 안에서 반짝이는 LED 선은 모든 생명체가 갖고 있는 변화무쌍한 DNA 나선 구조를 연상시킨다. 인피니트 엘리먼츠는 광주비엔날레 광장에 전시되어 밤마다 살아 움직이는 조형물로 반짝이며 주변을 밝혔다.

## 다이크로익 웨이브(Dichroic Wave)
조형물에 자연 빛 담기

인피니트 엘리먼츠는 노후화돼 철거되는 다른 미디어 장치와 달리 꾸준히 그 역동적인 모습을 뽐냈고, 사람들의 관심과 사랑도 계속 이어졌다. 그러다 몇 년이 지난 2020년, 새로운 전기를 맞이했다. 리뉴얼 프로젝트로 광주 서구청 뒷마당으로 옮겨져 자연의 빛을 활용한 새로운 설치 미술 작품 '다이크로익 웨이브'로 재탄생한 것이다.

새 조형물은 인공 조명을 밝혔던 기존의 미디어 아트에서 벗어나 자연의 빛을 담았다. 햇빛을 받아 반짝거리는 강물 표면에서 아이디어를 얻어 은은하게 반짝이는 물결의 흐름을 표현하고자 했다.

구조물 사이에 움직이는 바람개비 모듈을 달았다. 바람개비는 빛의 각도에 따른 반사 효과를 극대화하기 위해 조명기나 투사기에 많이 이용되는 다이크로익 필름으로 만들었다. 여러 번의 목업 테스트를 거쳐 미세한 바람에도 흔들리고 돌아가도록 가볍게 제작했다.

이 작품은 하나의 오브제가 되었다. 보는 방향과 시간, 날씨에 따라 마치 자연처럼 끊임없이 변화하고 움직이며 지금까지 그 자리를 지키고 있다.

## 디자인에서 지적 재산으로

건축 디자인은 대지에 맞춰 한 번 쓰고 버려져야 할까? 가치 있는 디자인이라면 자리를 옮기며 지속적으로 재사용될 수 있지 않을까? 하나의 구조체를 장소와 프로그램에 따라 여러 차례 새로운 작품으로 선보이는 건 쉬운 작업이 아니다. 놀이 공간, 미디어 아트 등 각각의 목적에 맞춰 새로운 옷을 입히고 재탄생시켜야 한다. 이런 경우는 미술계에서도 드물다. 다이나믹 릴렉세이션에서 시작해 두 번 모습을 바꾼 이 구조물 디자인과 구체적인 제작 방식은 디자인 특허를 받아 이제 내가 언제 어디서든 활용할 수 있는 소중한 지적 재산이 되었다.

구조물을 재활용한 예술 작품에서 한 걸음 더 나아가 건축으로 확장해 보자. 건축가들은 흔히 자가 복제를 금기시한다. 하는 프로젝트마다 기존과 완전히 다른 새로운 안을 내야 한다는 이상한 의무감을 갖는다. 그러나 건축 디자인에 잠재적인 가치만 있다면 일회적일 이유가 전혀 없다. 훌륭한 디자인 자산은 장소와 프로그램을 바꿔 응용되며 그때그때 새로운 가치를 창출한다. 종종 어떤 예술가들은 서울, 뉴욕, 도쿄 등 전 세계 곳곳에 비슷한 스타일의 작품을 제작해 전시한다. 노래들도 끊임없이 편곡되고 리메이크된다. 건축도 디자인이고, 디자인은 지적 재산이며, 지적 재산은 언제 어디서나 응용될 수 있다. 물론 건축이 단순히 장소와 프로그램에 맞추어 무엇이든 제작하는 서비스업에 그친다면 그 잠재 가치는 없다. 이는 모두 건축가의 몫이다.

## 작지만 자유로운
## 조경 시설

폴리·정자·파고라·파빌리온···. 우리 주변에는 수많은 조경 시설이 있다. 부르는 명칭은 다르지만 이들에겐 공통점이 있다. 우선 건축과 같이 장소와 공간, 재료와 구조가 있다. 하지만 기능·프로그램·설비·단열·수밀(水密)·기밀(氣密) 등 기술적 요구는 건축보다 덜해 설계가 단순하고 만들기 쉽다. 법적으로 가설 건축물에 해당하고, 보통 규모도 작아 현실적인 제약도 적다.

영화 감독이 가끔 짧은 CF나 뮤직비디오 촬영이라는 흥미로운 제안을 받는 것처럼 건축가에게 이런 시설물을 설계하는 건 작고 단순하지만 흥미롭고 자유로운 디자인 작업이다.

## 정원 속 작은 세상

'폴리(Folly)'는 흔히 정원이나 공원의 야외 구조물을 뜻한다. 근대 영국에서 유행한 낭만주의적인 풍경을 추구하던 사조를 '픽처레스크(Picturesque)'라 한다. 정원에 클래식한 건물이나 오두막 등 오브제를 넣어 풍경화 같은 장면을 완성시키는데 이때 들어가는 구조물이 바로 폴리다. 폴리는 오늘날까지도 곳곳에서 건축과 조경 디자인 요소로 자주 사용된다. 프랑스 라 빌레트 공원에는 수십 개의 빨간 폴리가 이정표 역할을 해주고, 국내 광주비엔날레에서도 폴리 구조물들이 눈에 띄는 포인트가 되었다.

우리 전통 건축에도 이와 유사한 개념이 있는데 바로 정자다. 정자는 우리나라를 포함한 동아시아에서 예부터 풍류를 즐기고 휴식을 취하기 위해 지었던 야외 구조물이다. 주로 경관을 잘 보기 위해 높은 곳에 지었지만 궁궐이나 정원 등에서 자연과 어우러져 조경 요소가 되기도 했다. 사각·육각·팔각형 마루바닥에 기둥과 처마지붕을 얹어 만든다. 오늘날에도 종종 주변에서 팔각정을 볼 수 있다.

'파고라(Pergola)'라는 개념도 있다. 흔히 햇볕이나 비를 가리는 공공 휴게 시설을 의미한다. '돌출된 처마'를 뜻하는 라틴어 단어 '퍼걸라(Pergula)'에서 왔는데, 지중해의 강한 햇빛

을 막기 위해 건물 사이 아케이드에 덩굴 같은 식재를 덮어
만들었던 공간에서 유래했다. 우리나라의 등나무 정자를 떠
올려 보면 좋다. 이는 야외 조경 시설물로서 장식적 의미가
강하다고 볼 수 있다.

▶ 런던 근교 스투어헤드 정원 폴리.
▶ 부여 궁남지 정자.
▶ 런던 더 힐 가든 파고라.

## 작은 건축, 파빌리온

더 건축적인 쪽으로 나아가면 가설 건축물인 '파빌리온 (Pavilion)'이 있다. 파빌리온의 등장은 근대 산업혁명과 맥을 같이한다. 새로운 기술과 산업의 잠재성을 보여 주고자 만국 박람회가 개최되었고, 박람회장은 당대 최첨단 건축물이었 다. 철골과 유리로만 지어진 조셉 팩스턴(Joseph Paxton)의 수 정궁은 당시 건축 산업이 혁신하는 계기가 되었고, 미스 반 데어 로에(Mies Van der Rohe)의 바르셀로나 엑스포 파빌리온 은 지금까지 모더니즘 건축의 표본으로 인식된다.

요즘 건축계에서 파빌리온은 실험적인 건축을 지칭하 는 용어로 쓰인다. 뉴욕현대미술관(MoMA) 분관 PS1에서 는 전 세계 젊은 건축가를 대상으로 매년 '젊은 건축가 프로 그램(Young Architects Program, YAP)'이라는 파빌리온 공모전 을 개최한다. 이 공모전을 통해 많은 건축가가 새로운 실험 과 독창적인 디자인을 선보인다. 런던의 서펜타인 갤러리 (Serpentine Gallery)에서는 매년 전 세계 최고 건축가들이 실험 적인 작품을 만들도록 지원하고 있다. 국내에도 파빌리온 전 시 및 공모가 활발하게 이루어져 최근에는 학생들도 많이 참 여해 도전적인 결과물을 내고 있다.

▶ YAP 2012년 작품 〈웬디(Wendy)〉.
독특한 외관에 공기 정화의 의미를
담은 친환경 파빌리온이다.

## 팡도라네(Pangdoranée)
### 현무암을 닮은 힐링의 장소

파고라가 돌을 닮으면 어떨까? 거기에 지역 주민들의 삶과 기억까지 담는다면? '팡도라네'는 짐을 나르다가 편히 멈춰 쉴 수 있도록 만들어진 널따란 돌을 지칭하는 제주 방언 '팡돌'과 '안에'를 붙여 만든 이름으로, 2015년 '자연과 미디어 에뉴알레' 행사에서 선보인 쉼터 구조물이다.

제주도 김녕리 해안가 올레길에 위치한 이 조형물은 주민과 관광객이 함께 잠시 쉬다 가라는 힐링의 의미를 담고 있다. 현지인과 외지인이 만나 자연스럽게 섞이는 공공 장소를 제공하고자 했다.

팡도라네의 형태는 제주도를 대표하는 현무암 덩어리처럼 디자인되었고, 표피에 그 다공성을 표현하고자 구멍의 밀도와 크기를 조절했다. 공간 내부는 해안가의 뜨거운 햇빛과 거센 바람을 피할 수 있는 그늘진 쉼터가 되었다. 내부에 설치된 각 원형 아크릴 판에는 김녕초등학교 학생들의 그림을 새겨 넣어 지역 공동체의 기억도 담았다.

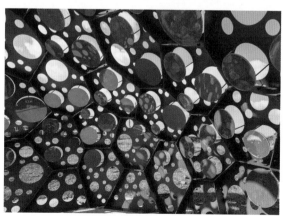

## 언폴딩 파고라(Unfolding Pergola)
풀잎 모양 쉼터 만들기

자연에는 수직과 수평의 기둥과 보라는 요소가 없다. 다양한 가지와 잎사귀들이 서로 엮여 의지할 뿐이다. 그렇다면 풀잎 모양으로 파고라를 만들면 어떨까?

'언폴딩 파고라'는 자연을 닮은 개방형 쉼터다. 서울 금천구청 앞 금나래공원 중앙에 위치한 이 구조물은 지상과의 접점은 최소화하고 식물처럼 하늘로 뻗어 나가는 프레임과 그 하부 공간으로 구성되었다. 프레임 사이사이를 비우고 채우는 패널들은 자연스레 그늘을 만든다.

전체 형태는 활짝 펼쳐진 위상기하학 도형 같다. 전체 틀은 아치와 직선이 뒤섞인 스틸 파이프다. 패널은 자동 절곡과 전개 가능한 방식으로 단순화되어 제작에 최적화됐다. 이동을 고려해 모든 구조재는 공장에서 제작했고, 현장 시공은 용접 없이 조립하기만 했다. 기둥이나 보 없이 한쪽 방향으로 뻗은 파이프와 패널 판재만으로 전체 형태를 구성했다. 구조-외피-형태가 하나로 작동하는 건축적 실험이라는 데 의의가 있다.

# 포스코 티하우스(POSCO T-House)
## 브랜드 정체성 극대화하기

브랜드 아파트의 조경 시설은 어떻게 디자인되면 좋을까? 우선, 디자인의 대중성과 시공의 경제성이 가장 중요하다. 다음으로 여러 단지에 적용할 수 있도록 범용성도 생각해야 한다. 이외에도 고려할 요소가 많다.

국내 아파트 시장에서 차별화된 디자인으로 브랜드를 고급화하는 전략이 대세다. 최근 아파트 건설사들은 개별 주거 공간의 질을 상향 평준화하고 단지 내에 파고라, 티하우스 등 조경 시설을 적극적으로 설치하는 추세다. 경쟁력을 키우기 위해 외부 쉼터 공간을 특화하는 전략이다.

아파트의 브랜드 정체성을 살려 단지 내에 단순하고 직관적인 파고라를 만드는 프로젝트를 진행했다. 광주 염주 더샵센트럴파크에 조성된 '포스코 티하우스'는 실내 공간이지만 최대한 시각적으로 열린 절제미를 보여 줘야 했다. 이를 위해 자연과 어우러지며 조형성을 살린 필립 존슨(Philip Johnson)의 '글래스 하우스(Glass House)'와 미스 반 데어 로에의 바르셀로나 파빌리온에서 영감을 얻었다. 지붕 외 수평 부재를 모두 없애 활짝 개방하고 커튼을 건축화했다. 구불구불하게 절곡 가공된 반투명한 스크린 패널은 커튼처럼 내외부 공간을 분리하는 동시에 연결한다.

일반적으로 조경 시설은 목재와 알루미늄으로 만들지만 포스코 티하우스는 내식성 좋은 스틸로 지어졌다. 부식과 오염 방지를 위해 모든 요소를 용접 없이 세밀하게 조립하고 도료를 칠해 완성했다. 프리패브와 모듈화, 자동화된 공정을 통해 내가 꾸준히 관심을 가져 온 지속 가능한 양산화를 목표 삼아 새로운 건축의 방향을 실험하고자 했다.

▶ 필립 존슨의 글래스 하우스.

▶ 미스 반 데어 로에의 바르셀로나 파빌리온.

## 새로운 쉼터를 디자인하라

우리 주변에는 쉼터 구조물이 너무나 많다. 그중 가장 많은 것은 단연 정자다. 어느 동네를 가든 팔각정과 육각정을 볼 수 있다. 다음으로 많이 볼 수 있는 게 등나무 벤치다. 놀이터, 마을 어귀, 등산로와 작은 소공원 어딜 가도 똑같다. 한국적이지도, 뛰어나게 아름답지도, 실용적이지도 않다. 시대에 뒤처지는 현장 시공 작업으로 설치하니 품이 덜 드는 것도 아니다. 조달청에 관급 물품으로 등록된 쉼터 구조물이기에 사용될 뿐이다. 우리 눈에 익숙하고 편안하고 무난해서 계속 쓰이는지도 모르겠다.

이제 놀이터와 공원에 팔각정과 육각정, 등나무 벤치는 제발 그만 짓자. 조금만 신경 쓰고 주변으로 눈을 돌리면 얼마든지 다채로운 쉼터를 디자인할 수 있다. 그런 구조물은 더 나은 미관을 넘어 새로운 건축 실험과 발전으로도 이어진다.

건축은
끊임없이 새로운 재료를 발견하고
장소의 특성에 맞게
그리고 상상하는 과정이다.

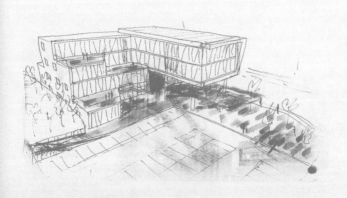

# 4장
# 조화로움을 찾아

건축가는
공간과 관련된 일이라면
무엇이든 할 수 있다.
건축가의 업역은 한정되지 않고
경계를 넘나든다.

# 개성과 감성의 공간,
# 바 인테리어

'바(Bar)'는 예부터 서구 사회에서 술과 안주를 파는 공간을 지칭했다. 근대 이후에는 사람들이 만나 대화를 나누고 여가 시간을 즐기는 공간으로 통용되어 왔다. 현대 사회에서 바는 좁게는 위스키 바, 와인 바처럼 특정 주류를 파는 음주 공간이자 넓게는 스시 바, 커피 바와 같이 긴 테이블을 두고 고객에게 음식과 서비스를 제공하는 공간을 뜻한다. 그 안에서 무엇을 팔든 바는 개성과 감성의 공간이다. 단순히 한 공간으로서 효율성과 편리함을 넘어 상업 공간으로서 독특한 개성이 있어야 하고, 음주 공간으로서 신비로운 감성과 분위기를 자아내야 한다. 이는 즉흥적인 아이디어나 단순한 인테리어 요소만으로 달성하기 어렵다. 공간에 대해 충분히 이해하고, 자유로운 상상력을 바탕으로 형태·재료·조명 등 모든 구성 요소를 신중하게 고려해 꾸며야 한다.

바 머스크(Bar Musk)
전통적 장식 요소들의 재해석

    건축의 역사에서 장식은 아주 중요한 역할을 했다. 고대부터 인류는 동서양을 막론하고 장식이 주는 아름다움을 추구했다. 다양한 오더·필라스터·아치·볼트·몰딩 등의 조합으로 만들어 내는 서로 다른 양식이 수천 년 서구 건축 디자인을 발전시켜 왔다. 모더니즘 이후 기능에 충실한 건축 사조가 퍼져 나가며 잠시 주춤했지만, 요즘 사람들은 다시 전통적인

장식에 향수를 느낀다.

둥근 천장은 편안한 느낌을 준다. 로마 시대 판테온부터 중세 성당까지, 돔과 아치 형태의 높고 둥근 천장은 공간감을 극대화하고 심리적 안정감을 주었다. '바 머스크'는 이런 둥근 천장과 건축의 장식적 요소들을 기능적으로 그리고 감성적으로 재해석한 공간이다.

전체 공간은 술을 보관하는 커다란 나무통 같다. 내부로 들어와 마주하는 아치와 그리드 천장은 마치 오크 통 같은 느낌을 주며 공간을 감싼다. 한쪽 벽면을 채운 술병들은 분위기를 압도한다. 냉난방과 환기 등 모든 설비는 천장 위에 숨겨져 있다.

바는 정면으로 시선이 집중되는 공간이다. 천장의 아치, 조명 빛과 그림자가 벽을 타고 바 안쪽으로 흘러내리며 집중도를 높여 준다. 바 안쪽 진열장에는 눈부심 없는 편안한 간접광을 줬다. 천장뿐만 아니라 벽·기둥·창·창틀 등 모든 부분에 고풍스러운 몰딩을 적용해 현대적이지만 클래식한 감성을 줬다.

# 바 문리버(Bar Moonriver)
## 동굴과 아치의 감수성

과거부터 동굴은 술을 보관하기에 최적의 장소였다. 햇빛이 들지 않아 일정한 온도와 습도를 유지할 수 있었기 때문이다. 오늘날 많은 양조장이 여전히 와인과 샴페인을 동굴에서 숙성하고 보관한다. 실제로 서구에서는 고대 로마 시대부터 근대에 이르기까지 거대한 동굴 근처에 와이너리를 지었다. 그 영향으로 지금도 많은 술집이 동굴을 공간 컨셉으로 잡고 있으니 술과 동굴에는 언제나 감성적인 접점이 있다.

아치는 가장 오래된 장식 요소다. 고대부터 인류는 아치 형태를 차용해 문과 창을 만들었다. 아치는 우리에게 친숙하고 포근한 감성을 주고 그 둥근 형태로 상상력을 자극한다. '바 문리버'는 동굴과 아치라는 요소를 적절히 섞어 신비롭게 연출한 공간이다.

바는 지하에 위치해 계단으로 출입하는데 이런 동선이 동굴에 들어가는 느낌을 준다. 입장하면 한눈에 들어오는 긴 공간을 벽돌로 이루어진 반원형 아치가 감싸고 있다. 벽돌 면을 타고 내려가는 빛의 흐름이 공간 분위기를 극대화하고 바 전면에 노출된 선반에는 술병들이 놓여 있어 와인 저장소 같은 인상을 준다. 길이 10미터의 기다란 원목 바는 공간에 안정감을 더한다.

　　바 뒤편으로 넓게 펼쳐진 홀 공간도 아치를 활용해 디자인 되었다. 크기가 다르고 연속된 아치들은 각각 부스, 벽 뒤 프라이빗 룸 출입구, 시가 장식장이 된다. 목재와 석재로 만든 크고 작은 아치들이 공간에 리듬감을 준다. 이곳을 방문하는 이들에게 마치 다른 차원의 공간에 들어온 듯 차별화된 감성을 주고자 했다.

## 바 잇트(Bar It)
이발소 문 열고 기차칸에 들어서기

20세기 초, 미국은 제1차 세계대전 이후 유례없는 경제 성장을 이뤘다. 하지만 이 시기 수정헌법 18조에 규정된 금주령으로 미국 내에서 술을 제조·판매·유통하는 것이 전면 금지되었다. 당시 많은 무허가 술집이 간판 없이 다른 가게로 위장해 단속을 피했는데, 이런 술집을 '스피크이지(Speakeasy) 바'라고 했다. 내부에서 서로 "조용히 말해(Speak easy)."라고 당부했던 것에서 유래했다.

영국에서 이발소는 합법적으로 주류를 제공하는 공간이었다. 1900년대의 이발소는 모던한 장식과 우드, 타일 등으로 지은 전형적인 대중문화 공간이었다. 그리고 기차 칸은 어디론가 떠난다는 자유로운 분위기와 좁고 길게 제한된 공간감으로 설렘을 준다. '바 잇트'는 이발소로 위장한 기차 칸 같은 디자인으로 한국형 스피크이지 바를 지향한다.

거리에서 바 잇트를 보면 가장 먼저 유리문 너머로 클래식한 이발소 내부가 보인다. 문을 열고 들어서면 이발소 특유의 분위기가 느껴진다. 얼핏 거울처럼 보이는 아치 창문 너머로 내부 공간을 은밀히 훔쳐볼 수 있다. 벽인 듯한 문을 열면 '패닉 룸(범죄자의 침입, 비상사태 등에 대비해 은밀한 곳에 만든 방)' 같은 내부가 드러난다.

　바 내부에는 기차칸의 감성을 담았다. 첫인상은 영화 속 장소처럼 몽환적이고 신비하다. 전면부 동경(銅鏡)으로 실내 전체를 반사해 길게 확장시키고 깊은 공간감을 준다. 중앙의 긴 바를 기준으로 술로 채워진 음료 제조 공간과 장식적인 좌석 공간이 구분되며 양쪽 벽체의 거울이 수평창 같은 역할을 한다.

## 바 인테리어는 연출과 같다

바는 특별하다. 외부와 분리된 폐쇄적인 공간이지만 새로운 세계로 들어온 듯한 인상을 줘야 한다. 현실에 지친 이들에게 편안한 분위기를 제공해야 한다. 바는 휴식을 취하고 술을 마시면서 조용히 대화를 나누는 곳이다. 아이들이 동화 '헨젤과 그레텔'을 읽고 과자의 집에 대한 환상을 갖는 것처럼 어른들에게도 신비로운 상상 속 안식처가 필요하다. 그곳을 그리면 편안한 이미지가 떠오르는, 언제든 가서 머무르고 싶은 공간이 필요하다.

그 공간 디자인은 특별하다. 고객은 영화의 주인공이, 그 배경은 영화의 세트장이 된다. 영화의 배경은 다양하다. 우리의 일상 생활 반경이나 클래식한 공간, 특정 장소의 재현일 수도 있다. 그 공간은 영화의 스토리·분위기·감성을 가장 잘 살리도록 디자인해야 한다. 소품과 디테일 하나까지 그 감성에 맞게 집요하게 챙겨야 한다. 영화처럼 전체적인 장면이 고객의 뇌리에 강하게 남도록 연출해야 한다.

시대적 양식, 작가의 스타일, 건축적 개념은 아무 의미가 없다. 여기서는 주변과의 관계나 공공성도 전혀 고려할 필요가 없다. 오직 사람들의 직관적인 소통과 편의를 위한 공간 연출에 집중해야 한다. 상업 공간 대다수가 이런 디자인과

인테리어를 요구한다. 조금만 시야를 넓히고 유연하게 생각
하면 공간을 더 다채롭게 연출할 수 있다.

# 교실이 바뀌어야
# 교육이 바뀐다

서울시교육청은 2017년부터 지금까지 지속적으로 '꿈담(꿈을 담은 교실 만들기)' 사업을 진행해 왔다. 학생들이 학교에서 가장 오랜 시간을 보내는 교실을 리모델링해 창의적이고 자유로운 공간을 조성하고 더 나은 미래 교육을 지향하기 위해서다. 새 건물을 짓거나 기존 건물을 재건축하기보다 있는 공간을 잘 활용해 시대에 부합하는 교육을 도모한다는 취지였다.

이 사업의 특징은 건축가와 함께 학교 교직원·학생·학부모 등 모든 구성원이 자발적으로 참여해 공간 변화의 필요성과 그 방향에 대해 토론하고 결정하는 '보텀업(Bottom-up)' 방식이라는 점이다. 수백여 명의 공공 건축가들이 수백여 개의 시범 학교에서 개성적이고 다채로운 교육 공간을 디자인했다. 나도 꿈담 건축가의 한 사람으로 몇몇 교실 개선 사업에 참여해 왔다.

## 연가초등학교, 눈높이 교실
세 개의 띠로 공간을 감싸다


서울 서대문구 남가좌2동의 연가초등학교는 교실은 좁고 학생 수는 많았다. 여유 공간이 없어 천장과 바닥을 제외하고 벽체만으로 인테리어에 변화를 줘야 했다. 공간 활용 방식을 놓고 학부모와 교직원의 찬반 양론이 팽팽하게 맞섰다. 결국, 폐쇄적이고 닫혀 있는 기존 교실의 틀을 깨는 데까지 합의하지는 못했다.

다시 교실을 자세히 살펴보니 아이들이 아닌 어른들 눈높이에 맞춰져 있었다. 건축가로서 다른 건 모두 포기해도 교실을 꼭 아이들 눈높이에 맞춰 주고 싶었다.

먼저 교실을 구성하던 네 벽면을 아이들 시선에 맞춰 세 개의 수평적인 띠로 연결해 공간을 감쌌다. 각 띠는 기능적으로 구분되었다. 상부는 목재 띠로 커튼 박스·칠판·창문이, 중간부는 흰색 벽 띠로 다양한 교구함·수납장·전시벽이 되었다. 하부는 가구 띠로 아이들의 사물함·놀이 공간·책상으로 이루어졌다. 이 프로젝트는 교실 공간을 아이들의 스케일에 맞게 돌려주려 했다는 데 의의를 두었다.

## 성원초등학교, 구석 이야기
숨은 공간을 찾아 되살리다

　서울 마포구 성산동에 위치한 성원초등학교는 상대적으로 공간에 여유가 있었다. 학교 구성원들과 대화를 나눈 결과, 교실과 복도에 개방성을 더하기로 빠른 합의가 이루어졌다. 먼저 기존 직사각형 교실의 축을 살짝 비틀어 구석을 확보했다. 방치되었던 구석을 아이들의 놀이 공간이자 수납 공간으로 활용하기로 했다. 단순한 아이디어에서 시작했으나 큰 변화가 생겼다.

　축을 틀어 전형적인 교실 구조의 고정관념을 깨는 동시에 교실과 복도 사이 벽을 트고 폴딩 도어와 놀이 공간을 설치해 개방감을 주었다. 사물함과 수납장은 새로운 벽체와 이어졌다. 모든 공간은 아이들에게 맞춰 디자인됐다.

　이 프로젝트는 구석에 숨어 있던 공간을 찾아 아이들의 활동 공간으로 바꾸었다는 특징이 있다. 선입견을 버리면 교육 공간이 크게 바뀔 수 있음을 보여 준 사례다.

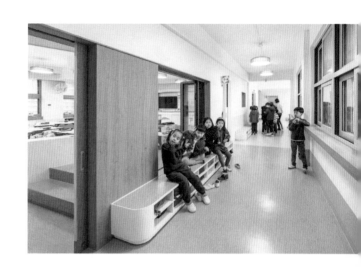

## 오현초등학교, 다락다락
### 높은 층고를 입체적으로 활용하다

서울 강북구 번동의 오현초등학교는 다른 학교에 비해 상대적으로 층고가 높았다. 구성원들과 토의한 결과, 높은 층고를 활용해 다양한 포켓 공간을 만들기로 했다. 기존 공간의 장점을 살리고 보다 입체적인 공간을 만드는 작업이었다. 교실의 사각 지대였던 각 코너는 다락·무대·전시 벽·선생님 공간 등으로 재구성됐다.

먼저 천장을 트고 노출해 높은 층고를 더 부각하고 다락을 만들었다. 단절되어 있던 복도와 교실은 다락을 통해, 그리고 다락 하부의 포켓 공간을 통해 연계되고 확장됐다. 교실 문은 학생과 선생님이 함께 드나들 수 있도록 중앙으로 옮겼고, 창문은 폴딩 도어로 개방해 점심시간에 배식 공간으로 활용할 수 있게 했다.

이 프로젝트는 앞의 성원초등학교 사례에서 더 나아가 교실 공간을 입체적으로 재구성하는 과정이었다. 달라진 공간이 아이들의 사고방식에 긍정적인 영향을 끼치길 기대했다.

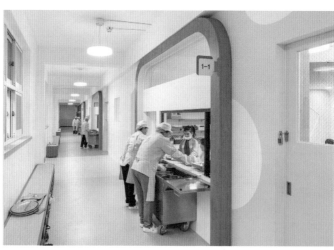

## 이대부속초등학교, 스마트 랩
벽체가 열리는 첨단 교실

서울 서대문구 대신동의 이대부속초등학교는 개교한 지 70년 가까이 된, 역사와 전통 깊은 사립 학교다. 현재 건물은 준공된 지 50여 년이 지나 오래되고 낡았지만, 독특한 공간 디자인을 오랜 시간 잘 관리해 왔다. 2020년 교육부의 'AI-IoT 시범 학교' 사업에 선정되어, 낡고 평범했던 기존 컴퓨터실을 스마트 랩으로 리모델링했다.

학교 구성원들과 토론한 결과, 유연하고 자유로우며 경계 없는 미래 지향적인 교실을 만들기로 했다. 먼저 고정되어 있던 벽을 언제든 자유롭게 옮겨 다용도로 사용할 수 있도록

모듈식 벽체로 바꿨다. 바닥과 가구도 새로 설치했다. 물리적인 경계와 장애물을 없애고 더 나아가 공간의 심리적 위계까지 없애 자유로운 분위기를 조성하고자 했다.

또한 교실에 빈 공간을 남겨 학생들이 자유롭게 돌아다니며 창의적으로 실습하고 놀 수 있게 했다. 교실의 기본 재료는 일부 유지하고 포스맥 도금 강판을 더해 첨단 교실 이미지를 만들었다.

## 변화는 공간에서 시작한다

우리는 공간이 사람에게 영향을 끼친다는 사실을 잘 알고 있다. 전문적인 공간심리학 연구를 차치하더라도, 일상 공간에서 자리와 가구 배치를 바꾸는 것만으로 큰 변화를 줄 수 있음을 경험해 이해한다. 공간의 구조는 단순한 미적 차원을 넘어 동선의 위계를 결정하고, 그 안에 머무르는 이가 사고하고 행동하는 방식까지 결정한다. 어떤 교육 공간에서 배우고 성장하느냐에 따라 어떤 사람으로 자라는지 결정된다. 그런 의미에서 학교는 가장 중요한 공공 공간이라 할 수 있다.

우리나라의 학교들은 가장 보수적인 건축 공간으로 남아 있다. 운동장을 정면에 둔 판상형 매스에 중앙 조회대를 기준으로 양쪽으로 대칭인 획일화된 입면을 볼 수 있다. 교실은 편복도를 따라 줄지어 배치되어 있다. 그 안으로 들어가면 교실 앞면에는 태극기·교탁·칠판이, 뒷면에는 게시판·사물함이 있다. 교실 측면에는 시트지 붙인 창문·선생님이 드나드는 앞문·학생들이 이용하는 뒷문이 있다. 각종 기구와 비품은 새롭게 바뀌었어도 학교 교육이 제도화되었던 과거의 권위주의적인 모습이 지금까지 남아 있다.

우리 교육이 변화하기 위해서는 먼저 교육 공간이 바뀌어야 한다. 교탁과 단상이 만드는 권위적인 위계와 꽉 막힌 폐쇄적인 복도, 획일적인 칠판과 게시판, 전형적인 책상 배치는 어른 눈높이와 편의에 맞춘 결과물이다. 우리의 내일인 아이들의 교육 공간으로는 적절치 않다.

백지에서 다시 생각해 보자. 굳이 학교를 새로 지을 필요 없다. 개방적인 교실과 자유로운 자리 배치, 아이들 눈높이에 맞춘 학습 공간, 소통과 자기 표현이 자유로운 구조, 다양한 디자인과 색채 활용 등 우리가 조금만 신경을 쓰면 바꿀 수 있는 게 무수히 많다. 교육 공간에 관심을 기울이면 아이들을 보다 창의적이고 민주적이며 개방적인 인재로 키울 수 있다. 곧 우리의 미래까지 변화시킬 수 있다.

# 버려진 고가 하부의
# 색다른 변신

서울시는 지난 50년간 급격히 고밀화되고 도시 팽창을 겪었다. 인구가 늘자 수요에 맞춰 고가, 철도, 지하 공간 등 기반 시설을 건설해 왔다. 그중 고가도로는 과거 부족했던 도로와 교통 체계가 정비되자 노후화 정도와 주변 경관을 고려해 2000년대부터 지금까지 순차적으로 철거되거나 정비되고 있다. 서울시에서 조사한 215개 고가 하부 공간 중 약 10퍼센트는 주차장·공원·사무실·체육 시설 등으로 활용되고 있지만 그 외 90퍼센트는 방치되어 잠재적 가용지로 남아 있다.

고가 하부는 음침하고 지저분하다. 무단 점유나 방치, 일시적이고 분절적인 활용으로 주변 도시 경관을 해치고 위생이나 방범에 악영향을 끼친다. 거대 인프라스트럭처로 주변 지역을 단절시킨다. 서울시는 지난 수년간 이런 고가 하부 공간을 발굴하고 개선하는 사업을 진행해 왔다. 나는 이문동과 응봉동 고가 하부 공간을 디자인하고, '서울시 고가 하부 공간 디자인 가이드라인'을 만들어 왔다.

## 버려진 이문 고가 하부

서울 동대문구 이문2동 이문고가차도 하부는 도시 인프라가 만든 단절을 보여 주는 대표적인 예시였다. 이문2동은 이문고가차도를 경계로 서쪽의 오래된 주택가와 동쪽의 아파트 단지로 나뉘었다. 특히 지상으로 열차가 다니는 신이문역과 맞물려 지역의 모든 소통과 연결을 막고 있었다.

가로의 연결은 끊겼고 거대한 장벽을 경계로 양쪽 동네는 서로 극단적인 대비를 보였다. 고가 아래 유휴 공간은 콘크리트 공터로 남아 있었다. 이 버려진 공간에 도시의 맥락을 연결하고 주민들의 쉼터이자 공공 편의시설과 문화 공간을 만드는 프로젝트를 맡았다.

먼저 주변을 관찰하는 것부터 시작했다. 삭막한 공터는 주로 주차장으로 쓰였으나 간혹 이곳에 주민들이 좌판을 깔고 모이거나 플리 마켓이 열리기도 했다. 밤이 되면 주변 음식점들이 공간을 점유해 활용했다. 이런 다양한 용도를 품는 동시에 더 많은 이가 접근할 수 있는 공간을 만들어야 했다.

대상지 바로 옆 신이문역 플랫폼에 앉아 고민하던 중 무언가가 눈에 띄었다. 고가도로와 그 아래 펼쳐진 주변 가옥들이었다. 지역민이 매일 이용하는 지하철 플랫폼과 가옥들의 지붕이 같은 높이에 있었고, 대상지에 이런 지붕 위 공간이

있다면 전철역과 바로 연결될 수 있을 것 같았다. 이에 착안
해 단절된 동네를 서로 잇고 거대한 공간을 인간적인 규모로
줄여 다양하게 활용할 수 있도록 '지붕 마당'을 구상했다.

▶ 신이문역 플랫폼에서 바라본 주변 풍경.
단절된 지역을 적나라하게 보여 준다.

## 지붕 마당(Roof Square)
단절된 공간을 다시 잇다

'지붕 마당'은 지하철 신이문역 5번 출구 근처에 위치한다. 먼저 신이문역 승강장 높이를 기준으로 경사 지붕을 만들었다. 지붕면은 서로 다른 방향으로 번갈아 치솟아 오르고 그 하부 공간이 비어서 열려 있는 구조다. 지붕 위에 서면 단절되었던 두 동네를 한눈에 볼 수 있다.

지붕 상부에는 문화 마당·휴게 마당·체육 시설을 만들어 동네 주민들이 야외 공연을 관람하고 원경을 바라보며 휴식하고 가벼운 운동과 스트레칭을 할 수 있게 했다. 지붕 하부에는 주민들의 쉼터이자 주변 상인들도 함께 활용할 수 있는 어울림 마당을 만들었다. 이곳은 종전처럼 낮에는 주민들의

일상적인 쉼터나 플리 마켓으로 이용되고 밤에는 주변 음식점에서 테이블을 펴 손님들이 야외에서 식사하는 다목적 테라스의 역할을 했다.

일반적으로 고가 하부는 어둡고 외져 우범 지대로 인식된다. 지붕 마당 하부 천장면은 실외지만 밝고 아늑한 실내의 느낌을 주고자 타공 스테인리스 패널로 마감했다. 어둡고 음침하다는 고가 하부 공간의 선입견에서 벗어나도록 조명에 크게 공들였다. 조명 디자이너와 협업해 난간·벤치·바닥 데크 등 전체 구조물 곳곳에 다양한 빛을 연출했다. 구조물을 따라 흐르는 간접 조명 덕분에 이곳은 신이문역의 랜드마크가 되었다.

## 소외된 공간의 상징 응봉 고가 하부

서울 성동구 응봉동에는 중랑천을 건너는 응봉교가 있다. 주변에 아파트가 밀집해 있고, 중랑천과도 연결되어 주거 지역의 중심부라 할 수 있다. 그러나 양쪽으로 갈라진 일차선 도로가 있고 고가 하부의 막다른 공간은 경사가 심해 매우 어두웠다. 가파른 경사를 계단식으로 다듬고 주민 체육 시설을 조성해 놓았지만 주민들이 즐겨 찾지 않아 소외된 공간으로 남아 있었다.

이런 공간에는 오히려 긍정적인 자극제가 필요하다. 상징적이고 조형적인 오브제를 넣어 지역민들에게 하나의 랜드마크를 만들어 주면 어떨까? 이곳을 끊임없이 방문하고 계속 머물고 싶은 곳으로 바꿀 수는 없을까? 다시 고민하기 시작했다.

아무것도 없었던 사막 한복판에 라스베이거스를 만들고 폐광촌이었던 강원도 정선에 카지노를 지었듯이, 이곳에도 주변의 관심과 시선을 모을 화려한 무언가가 필요했다. 특히 어둡고 무거운 고가 하부를 밝고 경쾌하게 변화시켜야 했다.

▶ 기존 응봉 고가 하부.
어둡고 침침한 소외된 장소였다.

## 응봉 테라스(Eungbong Terrace)
### 지역의 새로운 랜드마크 쉼터

주변에 중랑천이 흐르고 경사지가 있다는 장소의 특성에 착안해 빛이 흐르는 '응봉 테라스'를 제안했다. 거대 규모의 고가 하부를 작은 포켓 공간으로 나눠 주민들의 휴식과 운동을 위한 복합 쉼터를 만드는 것이다. 특히 포스트 코로나 시대에 맞춰 사람들이 대규모보다는 소규모로, 함께 머물지만 거리를 두어야 하는 시대상까지 반영했다.

공간은 서로 나뉘었지만 빛이 흘러가는 듯한 지붕으로 엮여 있다. 낮에는 물결처럼 반사되는 천장으로, 밤에는 반짝이며 흐르는 간접 조명으로 전체 공간이 하나로 이어지고 주변을 환히 밝힌다. 휴먼 스케일의 테라스로 재탄생한 고가 하부는 편안히 오르내리며 머물 수 있는 광장이자 멀리서도 잘 보이는 랜드마크, 누구나 쉽게 접근할 수 있는 공용 공간으로 거듭났다. 응봉 테라스는 설계가 마무리되고 현재 시공 중으로 2022년 12월 개방을 앞두고 있다.

▶ 완공된 응봉 테라스 렌더링.

## 기획과 건축 그리고 운영과 유지 관리

　서울시는 오래전부터 고가 하부·빗물 처리장·교통섬 등 도시의 버려진 유휴 부지에 관심을 갖고 이를 찾아 개선하고자 했다. 최근에는 제1영역인 집과 제2영역인 직장을 벗어나 다양한 활동이 가능한 곳을 '제3영역'이라 지칭하며 유사한 사업을 추진하고 있다. 이러한 도시 공공 공간 개선 사업은 반드시 필요하다. 그러나 사업이 성공하려면 건축뿐만 아니라 기획·운영·유지 관리가 필요하다.

　종종 관에서는 유휴 공간을 어떻게 활용할지 공모를 통해 건축가들에게 기획 아이디어까지 얻고자 한다. 건축 설계 공모를 하면서 공간뿐만 아니라 사업비 내에서 가능한 프로그램까지 제안하라고 요구한다. 그러나 기획은 별도의 과정이고 또 다른 전문 영역이다. 건축가가 아이디어를 내고 기획을 할 수도 있지만 이를 설계 공모에 편승시키는 건 무료로 기획안을 얻겠다는 안일한 태도가 아닐까.

　또 다른 문제는 운영과 유지 관리 대책이 부족하다는 점이다. 많은 경우 추후 운영과 관리의 주체나 비용에 대한 검토 없이 사업이 진행되고 준공 시점에 성급히 결정한다. 제대로 관리되기 어려울 수밖에 없다. 공공 건축 사업은 만들어 내고 보여 주는 게 전부가 아니다.

　국가와 지자체 정권에 따라 갑자기 생기고 사라지는 즉흥적인 공공 건축 사업은 지양해야 한다. 전문적이고 세심한 검토를 바탕으로 한 사업 기획과 장기적인 운영 및 유지 관리 예산까지 모두 고려해야 한다. 공공 건축의 수준이 곧 한국 건축 문화의 수준으로 이어지기 때문이다.

# 40년 된 빌라,
# 다시 태어나다

리모델링은 노후화를 막거나 기능을 향상하고자 건축물을 크게 수선하거나 일부를 증축·개축하는 행위를 뜻한다. 기존 건축물 실측, 주요 구조부 조사 등 그 과정이 복잡해 설계비를 신축의 1.5배로 산정하도록 규정하고 있다.

그렇다면 리모델링은 왜 하는 걸까? 신축보다 저렴하니까? 오래된 건물은 단열이 잘 안 되니 보완하기 위해? 신축하면 연면적이 줄어드니까? 특정 건물을 보존하기 위해서? 그 목적과 범위는 아주 다양하다.

그러다 보니 리모델링의 시공비 책정은 그때그때 오락가락하고 기준이 모호해 결국 일반 건축과 마찬가지로 사업 예산에 맞추게 되는 경우가 많다. 경우의 수가 워낙 다양해 한 번에 예산안에 맞추기는 거의 불가능하고, 몇 번씩 재설계하고 수정해야 한다. 시공에 들어가면 현장 상황에 따라 계속 변수가 생긴다. 그래서 건축가에게 리모델링 설계는 법적으로 1.5배의 설계비를 받는다 해도 그 이상으로 어렵고 힘든 작업이다.

## 최초의 타운하우스 그린 빌라

서구의 전통적인 집합주택 유형인 '타운하우스'는 여러 채의 가옥을 모아 놓은 형태다. 아파트처럼 단지로 지어져 녹지와 편의시설을 공동 소유하고 이용한다는 장점이 있다. 그러나 타운하우스는 밀도 높은 개발이 우선시되었던 국내에는 많이 도입되지 못했다.

국내 최초 타운하우스는 1982년 준공된 구로구 항동의 '그린 빌라'다. 당시 새로운 개념의 주거 단지로 예술인과 연예인들 사이에 최고로 인기가 많았다. 137가구, 35개 동으로 구성된 이 대단지는 복층형 단독주택이 두세 채씩 모여 이루어져 있었고 풍부한 녹지와 다양한 편의시설을 제공했다.

이 모든 장점에도 불구하고 그린 빌라는 준공된 지 30년 이상 지나자 개별 수리를 거친 세대를 제외하곤 노후하고 열악한 주거 공간이 되어 버렸다. 당시 국내에서 시도된 적 없었던 스킵 플로어(건물에 반 층 차이를 두고 설계하는 방식) 구조로 지어졌지만 외풍 유입에 대비해 공간을 막고 아파트 평면처럼 구획해 특이한 구조를 제대로 살리지 못하고 있었다.

단순히 공간의 마감을 개선하는 데에서 더 나아가 공간의 장점을 살릴 수는 없을까? 원안보다 더 원안 같은 리모델링이 가능할까? 프로젝트는 이런 물음에서 시작되었다.

▶ 기존 그린 빌라 내부.
벽으로 막혀 폐쇄적인 구조였다.

## 스킵 플로어의 재발견
### 벽을 열고 공간을 개방하다

처음 지어진 후 단 한 번도 수리되지 않은 그린 빌라 한 채를 리모델링하는 프로젝트를 맡아 진행하게 됐다. 스킵 플로어 공간을 잘 활용하기 위해 고심했다. 반 층 차이로 공간이 분리되어 수직적 소통이 뛰어나다는 장점이 있었다. 우선 계단실을 중심으로 각 공간을 막고 있던 벽을 터 소통을 극대화하기로 했다. 이후 각 공간을 하나의 면으로 연결해 천장과 수납 공간, 계단 옆 벽 그리고 다시 천장이 엮이도록 디자인했다. 보다 확장된 입체적 공간감을 주기 위해서였다.

리모델링 후, 주택 입구로 들어오면 가장 먼저 완전히 열린 계단이 눈에 띈다. 폐쇄적이던 기존 콘크리트 계단을 철

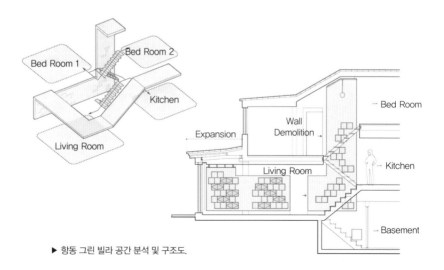

▶ 항동 그린 빌라 공간 분석 및 구조도.

거하고 개방된 계단으로 공간을 연결했다. 입구에서 좌측으로는 주방이, 반 층 아래로는 거실이, 반 층 위로는 침실과 휴게 공간이 있다. 닫혀 있었던 계단을 개방적인 모양새로 바꾸자 전체 구조를 잡아 주는 중심 요소가 됐다.

## 확장하고 연계하기
### 주방과 거실, 마당을 잇다

주방에서 시작된 공간은 간접광이 비치는 천장을 타고 거실까지 흘러간다. 기존 건물에서 주방과 거실을 완전히 막고 있던 벽은 구조체만 남기고 모두 허물었다. 주방과 거실을 연결하자 주방에서 바라보는 시선이 거실 너머 마당과 정원까지 이어졌다. 주방 식탁에 앉아 거실과 마당을 조망할 수 있게 된 것이다.

거실은 구조를 보강해 층고를 최대한 높이고 마당 쪽으로 더욱 넓혔다. 타운하우스의 큰 장점은 세대별로 마당이나 정원이 있다는 거다. 이들은 거실의 확장 공간이다. 마당과 거실을 시각적으로 그리고 동선으로 연계되도록 계획했다.

거실에는 활용도 높은 수납형 벽체를 설치해 디자인과 기능을 모두 살렸다. 건물 지붕의 사면이 만드는 천장에서 공간감이 강하게 느껴지고 거실에서는 계단·현관·주방·다용도실이 한눈에 들어온다. 반 층 차이를 살리면서 하나의 입체적이고 깊은 공간을 완성시켰다.

# 건물의 성형수술

도시의 각종 시설이 노후화되자 리모델링에 대한 관심도 높아졌다. 민간, 공공 할 것 없이 여러 목적의 리모델링 프로젝트가 점점 늘고 있다.

리모델링에서 건축가의 역할은 더욱 중요하다. 신축처럼 아름다운 그림을 그리거나 기술적인 문제를 해결하는 것만이 아니라 고차원 방정식을 풀어야 한다. 리모델링은 보통 노후 건물을 대상으로 해 도면조차 없는 경우가 많다. 작업을 위해 기존 구조를 철거하다 보면 늘 변수가 생긴다. 그래서 좋든 싫든 건축가가 설계부터 시공까지 모든 부분에 관여한다. 혹시 상황이 여의치 않아도 시공 감리만은 반드시 설계자가 해야 한다. 그렇지 않으면 설계자는 준공 때까지 계속 끌려다니기 쉽다.

리모델링은 성형수술에 비유할 수 있다. 아름다운 부위들만 모아 놓고 잘됐다고 하지 않는다. 잘된 성형수술은 본연의 개성과 가치를 재발견해 더욱 돋보이게 하고, 부족한 부분은 조화롭게 채우는 것이다.

리모델링은 콜라주에 비유할 수도 있다. 신축 설계가 빈 캔버스에 자유로운 그림을 그리는 작업이라면, 리모델링은 이미 채워진 캔버스에 무엇인가 덧붙이는 일이다. 단순 설계를 넘어 기존 것을 떼고 새것을 붙이며 서로 맞추는 현장 작업을 끝까지 지켜봐야 한다.

리모델링은 기존 가치를 재발견하고 신구의 조화를 만드는 아름다운 과정이다. 건물은 시간이 지나며 어떤 가치를 지니게 된다. 입지에 따른 장소적 가치, 구조에 따른 공간적 가치, 재료와 시대 양식에 따른 예술적 가치, 법규상 더 많은 면적을 취하는 경제적 가치 등 기존 건물의 잠재 가치를 발견해 창의적으로 응용하는 게 좋은 리모델링이다.

# 자연을 닮은,
# 자연 속의 펜션

건축은 공간 내부와 외부, 두 영역을 다룬다. 내부에서 경험하는 사용자가 있고 외부에서 바라보는 관찰자가 있다. 건축은 사용자를 위한 직접적인 체험 공간이자 외부인이 보고 느끼는 자연의 일부를 만드는 과정이다. 그래서 건축 과정에는 근본적으로 삶·공간·장소·문화·형태·구조에 대한 종합적인 지식과 지혜가 필요하다.

그렇다면 자연을 닮은, 자연을 바라보는 휴식처는 어때야 할까? 이런 프로젝트에는 건축가의 지식만큼 직관과 감성도 요구된다. 주변 지형·조망·동선 분석도 중요하지만 대지에 어떤 형태를 얹어 놓아야 자연스럽게 보일지, 지나가던 이들은 어느 곳을 거닐며 어떻게 바라보게 될지 상상력까지 동원해야 한다. 대지와 잘 어울리면서 독특한 개성을 지닌, 편안하고도 색다른 매력을 주는 자연 속 건축 디자인은 항상 어렵다.

## 대지에서 시작되는 건축

양평 병산리 숲속에 은신처 같은 독채 펜션 '호텔 도반'을 짓는 일을 맡았다. 양평 외곽 백병산 중턱에 위치한 대지는 사방이 높은 언덕으로 둘러싸인 테라스식 구릉지였다. 좁은 길을 따라 한참을 올라가니 뒤쪽으로 멀리 남한강과 양평 시내까지 보였다. 이곳에 자연 풍광을 바라볼 수 있는 편안한 휴식 공간이자 주변과 조화를 이루는 건축물을 지어야 했다.

풀숲을 자세히 들여다보면 제각각 떨어져 있지만 서로 어울려 하나의 군집을 이루어 살아가는 생명체를 볼 수 있다. 여기서 착안하여 모여 있지만 독립적인 공간을 구상했다. 펜션은 네 개의 독립된 유닛으로 구성되었다. 이 유닛들은 같이, 또 따로 존재한다. 전체는 하나의 건물로 결합되었지만 각 유닛의 독립성을 최대한 보장한다. 유닛들은 물 흐르듯 지형을 따라 흘러내리고, 부채처럼 각각 다른 각도로 펼쳐져 서로 다른 쪽을 향한다. 전체 건물에 언덕 지형을 그대로 반영해 내부에 단차가 있는 테라스를 만들었다. 이는 자연스럽게 외부 공간으로 확장되어 자연의 일부가 된다.

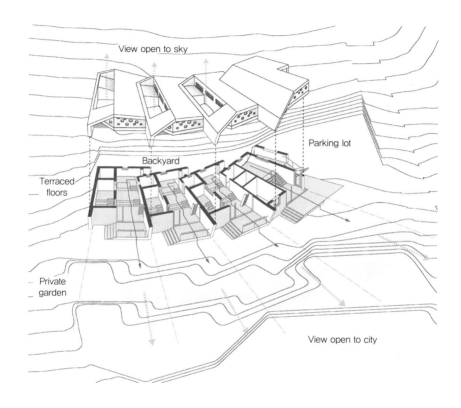

View open to sky

Parking lot

Backyard

Terraced
— floors

— Private
garden

View open to city

▶ 양평 병산리 대지 분석 및 호텔 도반 구조도.

## 자연을 닮은, 돋보이는 건축물
지붕선과 출입 동선 만들기

자연을 닮고, 자연과 어울리면서도 돋보이는 랜드마크를 만들 수 있을까? 아마도 펜션을 지으려는 건축주들의 공통된 바람일 것이다. 호텔 도반은 험악한 산속 암석 같은 형상으로, 산세를 닮은 강한 오브제다. 상업 공간으로 랜드마크가 되길 바라면서도 지형에 조화롭게 어울리는 모습을 찾다 보니 나온 결과물이다. 사방으로 열린 건물은 밤바다의 등대나 한밤중 산장처럼 주변을 환하게 밝히면서 개방적으로 받아들인다.

건물 뒤편 언덕에서 내려다보면 지붕은 여러 겹의 산맥처럼 보인다. 이들은 겹겹이 시선을 차단해 각 유닛에 머무르는 사람들의 사생활을 보호한다. 더 멀리서 보면 양평읍을 둘러싼 능선과 지붕이 조화를 이룬다.

출입구는 각 유닛 뒤편에 있다. 겹겹이 엮인 건축물 뒤쪽에 출입 동선을 만들었다. 상업 공간이기에 관리의 효율성을 높이기 위해 각 유닛의 동선은 하나로 연결했지만, 서로 다른 각도로 벽체가 중첩되어 독립적이다.

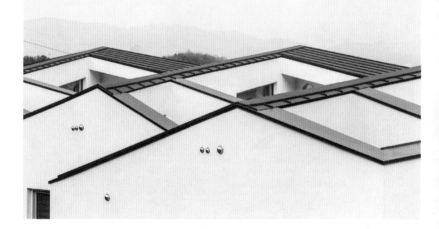

## 자연으로 열린, 바라보는 공간
단으로 구분하고 통창 내기

각 유닛에서 바깥을 내다보면 망원경을 들여다보는 듯한 기분이 든다. 공간 전면부가 통창으로 되어 멀리 남한강으로 열려 있다. 층고는 7미터 가까이 되고, 벽을 따라 계단을 오르면 다락이 나온다. 다락에는 아기자기한 원형 창문이 나 있다. 높은 천장과 벽을 따라 아침마다 자연광이 흘러 들어오고 밤이면 은은한 간접광이 벽을 밝힌다.

내부는 막힘 없는 하나의 공간으로, 단차만으로 그 기능이 구분된다. 건물 내부의 가장 높은 부분은 주방, 중간은 침실, 낮은 부분은 거실이며 전면창을 열고 나가면 발코니와 마당으로 이어진다. 각 유닛 사이 외부 공간에서는 하늘을 보며 작은 노천탕을 즐길 수 있다.

## 건축주 또는 카운터 파트너

건축은 하나의 작품을 만드는 창의적인 과정이다. 백색 캔버스에 점을 찍고 선을 그리듯 빈 땅에서 실마리를 찾고 그에 맞는 건축물을 그려 실제로 구현해 간다. 그래서 하나의 건축물은 한 건축가의 창작물로 본다. 재료와 구조, 설계와 시공 등 모든 분야를 조율하기 때문에, 종종 건축가를 오케스트라 지휘자에 비유하기도 한다.

그러나 건축물이 과연 건축가만의 창작물일까? 모든 디자인 기획과 의도, 과정과 결과물을 건축가가 만드는 걸까? 아니다. 건축은 건축가의 아이디어뿐 아니라 건축주의 의도와 대지·프로그램·건축재 등 모든 요소가 종합된 결과다.

건축주는 건축가의 카운터 파트너로서 그 결과물의 진행 과정에 관여하며 영향을 끼친다. 건축주에 반하는 건축가는 존재할 수 없다. 특히, 민간 건축 시장에서는 건축주의 성향에 따라 내향적인 건물일지 외향적인 건물일지, 가벼운 건물일지 무거운 건물일지 그 성격이 결정된다. 건축가와 협의해 진행하지만 건축주의 성향이 더 강하게 드러난다. 건물은 건축주의 거울이기도 하다.

건축가에게 민간 시장에서의 건축은 항상 새로운 도전이다. 그림 그리기가 여간 어려운 게 아니다. 무엇보다 사람을 대하고 의견을 조율하는 과정이 어렵다. 처음부터 성향이 잘 맞는 건축주를 만나면 좋지만, 때로는 서로 맞춰 가야 한다. 건축가가 건축 일을 하며 가장 힘들 때가 언제일까? 적은 비용을 받고 많은 일을 해야 할 때? 아니다. 존중받지 못할 때다. 건축가의 의견이 존중받을 때 그 디자인은 빛을 발한다. 내 경험에 비춰 말하면 건축주가 건축가의 디자인을 존중하고 건축가가 건축주의 뜻을 존중하며 열린 마음으로 소통할 때 기대 이상의 결과물이 탄생했다.

# 수익형 건물 설계
# 파헤치기

건축물을 새로 지을 때, 흔히 용적률(대지 면적에 대한 건물 지상층 총면적의 비율)과 건폐율(대지 면적에 대한 건물 바닥 면적의 비율)을 기준 삼는다. 주어진 대지에서 최대 용적률과 건폐율을 잡아 건축 면적과 층수를 정하고 역세권·상권·대로변 등 주변 여건을 바탕으로 경제적 가치까지 가늠한다. 그 과정이 끝나면, 주변 혹은 부동산의 소개를 받아 몇몇 건축가를 만나 보고 상담이나 가설계를 통해 건축 여부를 정한다.

그러나 일반 사람들이 생각하는 건폐율과 용적률만으로 건축 과정을 전부 설명하기는 어렵다. 건폐율과 용적률에 집착하다 보면 다른 중요한 문제들을 간과하게 된다. 건축이란 도면에 수치들을 채워 넣는 일이 아니라, 이를 넘어 수익성 좋은 양질의 공간, 부가 가치 높은 건물을 만드는 일이다.

## 소규모 건축물 짓기 게임

　최근 주거용 아파트 담보 대출은 막힌 반면 소규모 신축 건물에 대한 대출은 상대적으로 자유로워져 이에 대한 투자도 급증했다. 대지 면적 40~60평, 연면적(건물 각 지상층의 바닥 면접을 더한 전체 면적) 300평 미만, 4~5층 규모의 근린 생활 시설은 우리가 가장 흔히 마주치는 건물 유형이다. 아래 통계를 보면 연면적 300평 미만의 건축물이 전국적으로 93퍼센트, 서울 지역에서는 88퍼센트 정도 차지한다.

　이런 소규모 건축물을 설계하는 것은 마치 게임 같다. 정해진 대지와 법규의 테두리 안에서 최대한 면적을 확보해 활용하려면 퍼즐 놀이나 보드게임처럼 논리적인 사고와 기발

|  | 전국 | 서울 |
|---|---|---|
| 1백㎡(30평) 미만 | 3,239,038(44%) | 106,712(18%) |
| 1백~2백㎡(30~60평) | 1,632,424(22%) | 121,671(21%) |
| 2백~3백㎡(60~90평) | 545,902(8%) | 93,479(16%) |
| 3백~5백㎡(90~150평) | 804,274(11%) | 102,051(17%) |
| 5백~1천㎡(150~300평) | 572,539(8%) | 93,186(16%) |
| 1천~3천㎡(300~900평) | 289,370(4%) | 35,651(6%) |
| 3천~1만㎡(900~3000평) | 165,150(2%) | 22,049(4%) |
| 1만㎡(3000평) 이상 | 65,567(1%) | 10,837(2%) |
| 합계 | 7,314,264(100%) | 585,636(100%) |

▶ 전국 및 서울 지역 연면적별 건축물 동수와 비율. (2022, 공공데이터포털)

한 아이디어가 필요하다. 이런 일상적인 소규모 건축 설계는
우리나라만의 특수한 건축 방식으로, 2016년 베니스 비엔날
레 국제건축전 한국관 전시에서 '용적률 게임'이란 주제로 전
세계에 알려지기도 했다.

▶ 2016 베니스 비엔날레 국제건축전 한국관.

# 게임 체인저, 정북일조와 연접주차

'정북일조'와 '연접주차'는 소규모 건축물에서 게임 체인저 역할을 한다. 정북일조란 건축법 시행령에 따라 건물 각 부분을 정북 방향 인접 대지 경계선으로부터 일정 거리 이상 띄어 설계해야 한다는 규칙이다. 일조량을 확보하기 위해 마련한 법령이다. 대지 인접 도로가 북측에 있는지, 남측에 있는지, 대지 앞에 폭 20미터 이상의 도로가 있는지에 따라 3층 이상의 면적과 층수에 영향을 끼친다.

또한 소규모 건축물에는 지하 주차장이나 주차 타워를 둘 수 없어 주로 세로로 2대까지 접하여 차를 대는 연접주차를 활용한다. 주차장의 구조와 주차 가능 대수는 전체 바닥 면적과 건물 배치에도 결정적인 영향을 미친다.

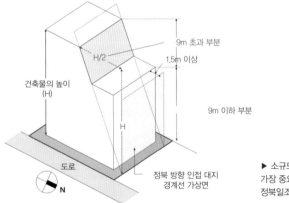

▶ 소규모 건축물에서 가장 중요한 기준이 되는 정북일조 규정.

임대료의 법칙

　1층 임대료는 보통 다른 층에 비해 두 배 이상, 많게는 서너 배가량 높다. 소규모 건축물은 대출을 끼고 공사를 진행하는 경우가 많기에 설계 전에 반드시 층별 임대료와 전체적인 수익성을 고려해야 한다. 아래 표에서 서울 도심 지역을 보면 일반적으로 1층 임대료의 효용비율을 기준으로 지하층은 약 30퍼센트, 2층은 70퍼센트, 3층은 50퍼센트, 4층 이상은 20퍼센트 미만임을 알 수 있다. 즉 지역에 따라 차이가 있지만 평균적으로 6층 건물 기준으로 각 층이 동일한 면적이라면 1, 2층의 임대료가 다른 모든 층을 합친 것보다 높다.

| 2022년 1분기 | | 지하 1층 | 1층 | 2층 | 3층 | 4층 | 5층 | 6층 이상 |
|---|---|---|---|---|---|---|---|---|
| 전국 | 층별임대료(천 원/㎡) | 8.9 | 26.9 | 10.5 | 8.7 | 7.9 | 7.7 | 7.9 |
| | 층별효용비율(%) | 32.9 | 100.0 | 39.0 | 32.5 | 29.2 | 28.6 | 29.3 |
| 서울 | 층별임대료(천 원/㎡) | 14.8 | 47.3 | 21.6 | 17.8 | 14.0 | 14.4 | 13.4 |
| | 층별효용비율(%) | 31.4 | 100.0 | 45.8 | 37.7 | 29.6 | 30.4 | 28.4 |
| 서울 (도심) | 층별임대료(천 원/㎡) | 24.9 | 79.6 | 56.9 | 40.7 | 13.5 | 7.8 | 6.1 |
| | 층별효용비율(%) | 31.3 | 100.0 | 71.5 | 51.1 | 17.0 | 9.8 | 7.7 |

▶ 전국 및 서울 지역 건축물 층별 임대료 및 효용비율. (2022, 공공데이터포털)

## 면적별 가성비를 찾아라

가장 일반적인 예시로, 건폐율 60퍼센트와 용적률 200퍼센트의 제2종 일반주거지역을 가정하고 건물에 꼭 필요한 기능을 모아 놓은 코어와 주차장 그리고 바닥 면적으로 잡히지 않는 지하 저수조와 정화 수조를 최소한의 크기로 잡고 게임을 시작해 보자. 이 경우 지하층의 유무에 따라 프로젝트의 향방이 크게 좌우된다. 지하층은 용적률에 잡히지 않아 보통 최대로 활용하려고 하지만 주차 대수 산정 기준 면적에 포함되고 공사비에도 큰 영향을 미친다. 많은 경우 이를 간과하고 무조건 지하층을 지으려다 낭패를 본다.

어떤 대지에 어떻게 지어야 최대 수익을 낼 수 있을까? 다음 페이지 자료를 보면 30~40평대 대지에서는 1층 면적이 충분히 넓게 나오지 않는다. 5~6평 정도를 주차에 할애하면 나머지 면적만으로는 임대 공간 활용도가 크게 떨어진다. 즉 수익성이 가장 높은 1층에 10평 이상의 임대 공간을 내기 위해서는 적어도 50평대 이상의 대지가 필요하다. 80평대 이상의 대지에 지하층까지 건축하는 경우에는 주차 대수가 6대 이상이 된다. 이 경우 최대 5대까지 묶을 수 있는 연접주차의 특성상 1층에 주차를 위한 통행로로 외부 공간을 낭비하게 될 가능성이 높다.

| 대지<br>면적 | 건축<br>면적 | 연면적 | 지하<br>포함<br>면적 | 주차<br>대수 | 층수 | 주차<br>면적 | 코어 | 주차+<br>코어 | 1층<br>면적 | 1층<br>제외<br>면적 | 전체<br>임대료<br>(천 원) | 평당<br>임대료<br>(천 원) |
|---|---|---|---|---|---|---|---|---|---|---|---|---|
| 30 | 18 | 60 | 78 | 1 | 4 | 5.6 | 6.8 | 12.4 | 5.62 | 72.4 | 8,345 | 106.99 |
| 40 | 24 | 80 | 104 | 3 | 4 | 10.4 | 6.8 | 17.2 | 6.76 | 97.2 | 11,005 | 105.82 |
| 50 | 30 | 100 | 130 | 3 | 4 | 13.1 | 6.8 | 19.8 | 10.15 | 119.8 | 14041 | 108.01 |
| 60 | 36 | 120 | 156 | 4 | 4 | 15.7 | 6.8 | 22.5 | 13.54 | 142.5 | 17077 | 109.47 |
| 70 | 42 | 140 | 182 | 5 | 4 | 18.3 | 6.8 | 25.1 | 16.93 | 165.1 | 20113 | 110.51 |
| 80 | 48 | 160 | 208 | 6 | 4 | 20.9 | 6.8 | 27.7 | 20.32 | 187.7 | 23149 | 111.30 |
| 90 | 54 | 180 | 234 | 6 | 4 | 23.5 | 6.8 | 30.3 | 23.70 | 210.3 | 26185 | 111.90 |
| 100 | 60 | 200 | 260 | 7 | 4 | 26.1 | 6.8 | 32.9 | 27.09 | 232.9 | 29221 | 112.39 |

| 대지<br>면적 | 건축<br>면적 | 연면적 | 지하<br>포함<br>면적 | 주차<br>대수 | 층수 | 주차<br>면적 | 코어 | 주차+<br>코어 | 1층<br>면적 | 1층<br>제외<br>면적 | 전체<br>임대료<br>(천 원) | 평당<br>임대료<br>(천 원) |
|---|---|---|---|---|---|---|---|---|---|---|---|---|
| 30 | 18 | 60 | 60 | 1 | 4 | 5.6 | 6.8 | 12.4 | 5.62 | 54.4 | 6,811 | 113.51 |
| 40 | 24 | 80 | 80 | 2 | 4 | 7.5 | 6.8 | 14.3 | 9.75 | 70.3 | 9,453 | 118.16 |
| 50 | 30 | 100 | 100 | 2 | 4 | 9.3 | 6.8 | 16.1 | 13.88 | 86.1 | 12,096 | 120.96 |
| 60 | 36 | 120 | 120 | 3 | 4 | 11.2 | 6.8 | 18.0 | 18.02 | 102.0 | 14,738 | 122.82 |
| 70 | 42 | 140 | 140 | 3 | 4 | 13.1 | 6.8 | 19.8 | 22.15 | 117.8 | 17,381 | 124.15 |
| 80 | 48 | 160 | 160 | 4 | 4 | 14.9 | 6.8 | 21.7 | 26.29 | 133..7 | 20,023 | 125.15 |
| 90 | 54 | 180 | 180 | 4 | 4 | 16.8 | 6.8 | 23.6 | 30.42 | 149.6 | 22,666 | 125.92 |
| 100 | 60 | 200 | 200 | 5 | 4 | 18.7 | 6.8 | 25.4 | 34.56 | 165.4 | 25,309 | 126.54 |

▶ 대지 면적별로 지을 수 있는 건축물 분석표. (2022. 공공데이터포털)
각 층 단위 면적별 임대료는 서울 도심 지역 기준에 따랐다.

평당 임대료는 면적이 늘어나면 함께 늘어나지만 80평대 이상으로 가면 증가세가 둔화한다. 또한, 지상에만 건축한 경우의 평당 임대료가 더 높다. 지하층 건축에 드는 흙막이 등 부대 토목 공사비를 차치하더라도 대부분 지하층 임대료는 지상층보다 낮다. 위 사례에서는 50~70평대 대지에 지하층 없이 건축하는 경우가 가성비 측면에서 최선으로 보인다.

## 서초 더나 빌딩
한정된 면적에 준 최대한의 연출 효과

서초동 1360-38번지 대지는 남측 인접 도로와 정북일조의 영향을 그대로 받고 있었다. 대지 면적 120평에 제3종 일반주거지역이었고, 건축주는 건폐율 60퍼센트와 용적률 250퍼센트를 최대로 활용하며 지하 1층에 임대 공간까지 두고자 했다. 건물이 최대한 크고 높아 보이면 좋겠다는 요청도 있었다. 연접주차로 최대 8대의 법적 주차 공간이 필요했고, 수익성을 위해 1, 2층 임대 면적은 최대화해야 했다.

먼저 연접주차를 대지의 양 끝으로 분리해 외부 공간 소모를 최소화하고, 대지 중앙에 건물을 두어 1, 2층 면적을 최대한 확보하기로 했다. 또한, 건물에서 연장된 루버 구조물로 건물 정면을 높이고 옥상에 휴게 공간을 조성해 강남대로에서 진입하는 사람들의 시선을 한눈에 끌도록 설계했다. 측면은 길게 확장된 수직적인 입면으로 마감해 건물이 커 보이는 시각적 효과를 줬다.

전체적으로 대지는 일반주거지역과 상업지역의 경계에 있었다. 주변의 높고 큰 오피스 빌딩과 상업 건물 사이에서, 이 건물도 최대한 높아 보이도록 전략적으로 디자인했다. 저층부를 띄워 시원하게 개방감을 주고, 포스맥 스틸 패널과 커튼월을 이용해 경쾌하고 가벼워 보이게 했다.

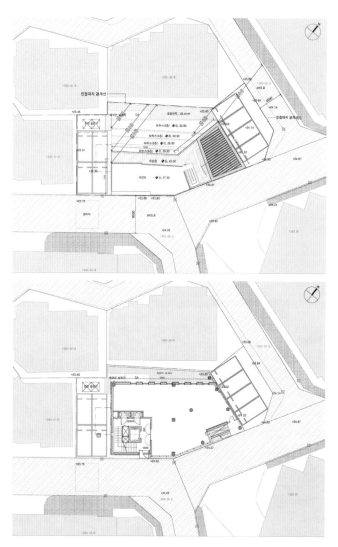

▶ 건물 배치도.

▶ 1층 평면도.

인공지능보다 인간의 지능이 필요한 이유

　최근 건축가들은 가상의 대지에 건물을 올려 보는 프로그램을 많이 쓰고 있다. 면적과 법규를 개략적으로 검토해 시뮬레이션하면 게임처럼 3차원 그래픽으로 건물을 그려 준다. 주소를 넣으면 마법처럼 그 지역에 적용되는 법규에 맞는 건물이 나타난다. 이 프로그램을 쓸 때마다 건축가가 필요 없는 시대가 올 수도 있겠다 싶다.

　그러나 앞서 언급한 과정과 결과물을 보면 단순히 건축 프로그램을 돌리는 것과 건축가가 직접 설계하는 것에는 큰 차이가 있다. 우선 건축가와 건축주의 의도와 가치판단이 들어가는지의 문제다. 건축에는 객관적인 정답이 없다. 주관적으로 접근할 수밖에 없다. 1,2층 임대 공간 최대화, 주차 공간의 최대 효율, 높은 정면, 길고 넓은 측면 등 명확한 의도와 방향 없이는 좋은 건축을 할 수 없다. 더 나아가 구조의 편의성과 디자인의 독창성은 건축가의 고민과 경험에서만 나올 수 있다. 건축은 법규나 디자인을 넘어 가치를 만드는, 1과 1을 더해 3 또는 그 이상을 만들어 내는 일이다.

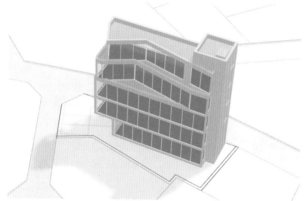

▶ 실제 설계된 서초 더나 빌딩 모형.
정북일조를 절묘하게 피해 저층부 면적을 최대한 확보했다.

▶ 같은 조건에 인공지능 프로그램이 설계한 모형.
단순 법규 계산으로 설계되어 특색 없는 매스를 볼 수 있다.

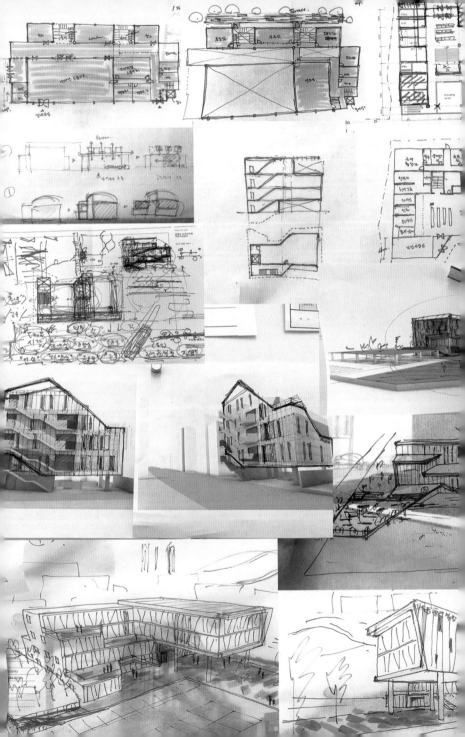

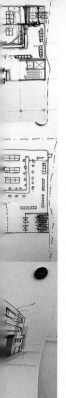

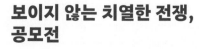

# 보이지 않는 치열한 전쟁,
# 공모전

건축 설계 공모전은 프로젝트의 설계자를 선정하는 가장 전통적이고 공정한 방식이다. 아이디어 공모·지명 공모·제안 공모·현상 설계·턴키(Turn-key)·경쟁 입찰 등 경우에 따라 세부적으로 나뉘지만 근본적으로 프로젝트에 잘 맞는 최선의 설계자와 설계안을 선정한다는 목적하에 객관적으로 판단해 결정하는 방식이다.

공모전은 학생과 젊은 건축가에게 도전의 장이자 꿈과 이상을 그릴 기회고, 실무 건축가에게는 수주의 장이자 동시에 치열한 생존 경쟁 무대다. 민간 건축 시장에서는 대부분 지인 소개 등 비공개로 설계 의뢰를 받지만 일정 규모 이상의 공공 건축 시장으로 눈을 돌리면 수많은 공모전이 있다. 공정과 정의에 대한 관심이 높아진 최근 몇 년 사이, 공공 건축 설계는 대부분 공모전을 통해 이루어지고 있다.

## 공모전의 명과 암

미국의 'PA Award(Progressive Architecture Award)', 일본의 '신건축 주택설계 국제공모전'은 계획안 아이디어 공모전임에도 오랜 기간 젊은 건축가들의 데뷔 무대이자 건축의 경향성을 보여 주는 중요한 역할을 해 왔다. 몇 년 전 헬싱키 구겐하임 미술관 공모전에는 77개국에서 1,715개의 안이 접수되어 당시 건축의 모든 흐름이 집약되었다고 볼 수 있다.

그러나 공모전에는 부작용도 있다. 공모전은 공정하다는 믿음과 새로운 아이디어가 나올 거라는 기대에 '공모 만능주의'를 낳는다. 건축계를 보면 공모전을 지나치게 남발한다는 느낌을 종종 받는다. 알게 모르게 진행되며 공정하지 않은 공모전도 분명히 많다. 공정하게 진행된다 해도, 피어 리뷰(Peer Review)를 통한 정성 평가의 특성상 당선작과 2등 작품의 수준에 차이가 거의 없는 경우도 있고, 그날 분위기에 따라 결과가 달라질 수도 있다. 그래서 요즘 건축가들에게는 공모전에 참여하는 것보다 '어떤' 공모전에 참여하는지가 더 중요하다.

때때로 설계 공모는 아이디어 착취와 책임 전가로 이어진다. 발주처는 건축가에게 설계안이 아니라 기획 아이디어를 얻기 위해 공모를 추진하기도 한다. 공공 건축에서 철저

한 준비나 기획 없이 공모전을 열어 설계안을 받는 경우, 건축가에게 부담을 전가할 뿐만 아니라 추후 공사비와 운영 및 유지 관리에도 문제가 발생할 소지가 있다.

　나는 그간 여러 공모전에 지원해 탈락의 고배를 마시기도, 좋은 성과를 거두기도 했다. 여러 당선 사례 중 최근 작품 한 가지를 소개한다.

▶ 역대 최대 규모였던 헬싱키 구겐하임 공모전의 다양한 제출안.

## 얼롱 더 마켓(Along the Market)
공릉동 도깨비시장 고객 지원 센터 설계 공모 1등 당선작

공릉동 도깨비시장은 1939년 경춘선이 개통되며 화랑대 역 인근에 모여든 노점상에서 시작됐다. 단속이 뜨면 도깨비 라도 다녀간 듯 순식간에 사라졌다가 끝나면 다시 옹기종기 모여 장터가 열린다고 해 이름 지어졌다. 서울시와 노원구는 도깨비시장 인근 작은 부지에 상인회와 고객들을 위한 지원 센터 신축 공모전을 진행했다.

시장은 기본적으로 자생과 개방의 공간이다. 또한 가변성 과 밀도가 중요하고 길을 따라 선형적으로 배치된다. 이렇게 재래 시장의 속성을 분석하는 것에서 프로젝트를 시작했다. 우리가 제출한 '얼롱 더 마켓'은 이 공모전의 당선작으로, 시 장으로 가는 길의 문지방이라는 속성을 담고자 했다.

대상지는 도깨비시장으로 들어가는 입구 앞 길가에 위치 한다. 주변에 주거 및 근린 생활 시설이 밀집해 있고, 시장 통행로에서 새로 지어질 건물의 측면이 보인다. 건물의 매스 는 시장 방향으로 공간을 내주고 행인들을 끌어들인다. 건물 동선은 시장 길의 연장이, 건물 공간은 시장 공간의 확장이 된다.

프로그램은 시장의 공간 구도와 같이 외부 동선을 따라 배 치되었다. 시장 입구를 바라보며 배치된 직통 계단은 외부

공간으로, 건물 파사드 안팎을 넘나든다. 각 층별 내부 프로그램은 제한된 공간에 가장 효율적으로 배치되면서도 가변적인 구성을 갖는다. 건물 외부 동선은 옥상과 테라스로 연결돼 건물 전체를 이어 준다.

스크린 외피는 건물 입면을 감싸 안는다. 타공된 반투명 스틸 패널은 다채로운 색상으로 조합되어 반외부 공간을 만들고 내외부 스크린 역할을 한다. 또한 회전이 가능해 내부 공간의 채광을 조절할 수 있다. 시간과 사용자의 필요에 따라 스크린 외피는 시시때때로 건물의 모습을 도깨비처럼 변화시킨다.

공간은 대지의 물리적 맥락에 따라 계획되었다. 동쪽이 높고 서쪽이 낮은 지형에 맞춰 지하층을 서측으로 전면 개방해 지상층처럼 계획했다. 주차 타워와 정북일조 사선 제한을 고려해 남쪽에 코어를 두고 시장 방향인 북쪽으로 테라스와 옥상 공간을 열어 주었다.

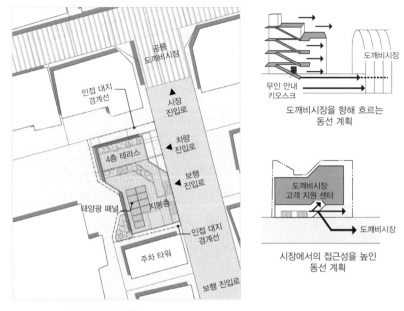

공릉
도깨비시장

인접 대지
경계선

시장
진입로

차량
진입로

보행
진입로

4층 테라스

태양광 패널

지붕층

인접 대지
경계선

주차 타워

보행 진입로

도깨비시장

무인 안내
키오스크

도깨비시장을 향해 흐르는
동선 계획

도깨비시장
고객 지원 센터

도깨비시장

시장에서의 접근성을 높인
동선 계획

▶ 프로젝트 대상지 분석.
도깨비시장 초입의 고객 안내 센터는 시장으로 오가는 동선을 그대로 이어받아 건물이
된다. 건물 동선은 시장길의 연장이, 공간은 시장의 확장이 된다.

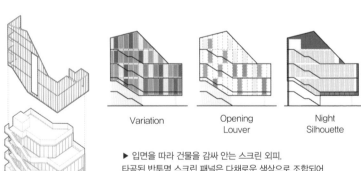

Variation

Opening
Louver

Night
Silhouette

▶ 입면을 따라 건물을 감싸 안는 스크린 외피.
타공된 반투명 스크린 패널은 다채로운 색상으로 조합되어
반외부 공간을 만들어 주고, 도깨비처럼 시시각각 건물의
모습을 변화시킬 것이다.

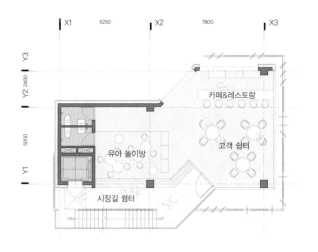

▶ 외부 동선을 따라 배치된 내부 공간. 외부 계단은 단순한 동선의 기능을 넘어 건물의 외피를 넘나들며 '시장길 쉼터'로서 시민들을 위한 휴게 공간을 제공한다.

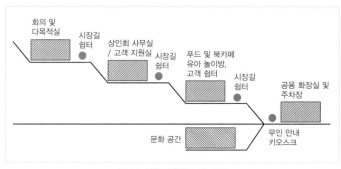

외부 동선을 이용한 공간 계획

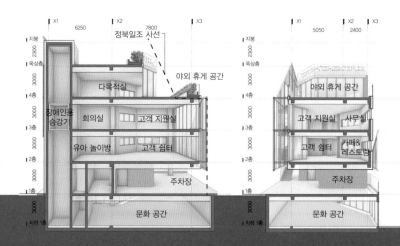

# Along the Market

시장은 자생의 공간이다. 시장은 사람들의 모여 자생적으로 발생한다. 길을 따라 노점상들이 그스로 부여 시장이 되고, 시장에 활기가 마음의 중심이 되고 도시의 중심이 된다.

시장은 개방의 공간이다. 시장은 계획된 매우하에 갇힌 폐쇄적 공간이 아닌, 외부로 개방된 모두의 공간이며, 누구에게나 열려있고 연제든지 도입 수 있는 개방의 공간이다.

시장은 가변의 공간이다. 찾아오는 사람들의 일상에 따라, 계절과 시간에 따라 시장은 경험으로 변화한다. 앞에서나고 있고, 인자가기도 하고, 형상 새로운과 다양함의 연동하고 사라진다.

시장은 밀도의 공간이다. 시장은 수많은 사람들과 수많은 물건들로 저장된다. 작은 계획된 한 장소에 교이 말도록 다루고, 그것으로서 시장은 존재를 수 있다.

시장은 선형의 공간이다. 사람이 다니면 길이 생기 되고, 길의 좌우에 시장이 만들어지고 사람은 길을 따라 즈메나고 길을 따라 확장한다. 사람들은 시장을 걸으며, 보고, 느끼고 경험한다.

본 프로젝트는 시장의 이 가지 공간 의로러로써 시장에 속하들을 담아내고자 한다. 외부공간을 재조직으로 활동을 선형화 프로그램으로 지으키고자 갱천을 요구한다. 가면적으로 존재하는 기자리 유해물 요지로의 대부로스는 시장이 갖는 밀도의 과건들, 그리고 다양함을 담아준다.

| 구분 | 설계 내용 |
|---|---|
| 대지위치 | 서울특별시 노원구 공릉동 5 |
| 지역지구 | 도시지역 제1종 일반주거지 |
| 대지면적 | 195.8m |
| 도로현황 | 동측 · 동철로 17m길 (6m) |
| 용적률 | 502.75m (대지 산정용 면 |
| (기록면적) | 112.21m |
| 건폐율 | 55.80% (117.2㎡/195.83m²) |
| 용적률 | 184.20% (360.66m²/195.83m) |
| 용도 | 제1종 (근린생활시설+주) |
| 층수 | 지상 5층/지하1층 |
| 종수 | 시하1층 / 지상5층 |
| 최고높이 | 16.3m |
| 벽사면적 | 지상벽설주자 지하벽설 1내28 면각지층면적 |
| 설비계획 | 급배열관 연결습수 |
| 주차대수 | 법정 주차대수 3대 등동계 법정주차대수 (802㎡/1) |

## Along the Street

사이트는 공용을 도메시로 들어가는 입구 전 길가에 위치해 있다. 주변은 주거와 근린생활시설이 밀집된 지역으로, 시장이로 가는 육은 시장에서 나오는 길을 대로 측면으로 보여진다. 건물의 메스는 이 한 방향으로 공간을 내부주고 시장의 형진용을 입합한다. 시장은 방형원면 차가스도개가 건물의 외부 동선으로 연결되다 건물의 동선은 시장의 연장이자 건물의 공간은 시장공간의 확장이 된다.

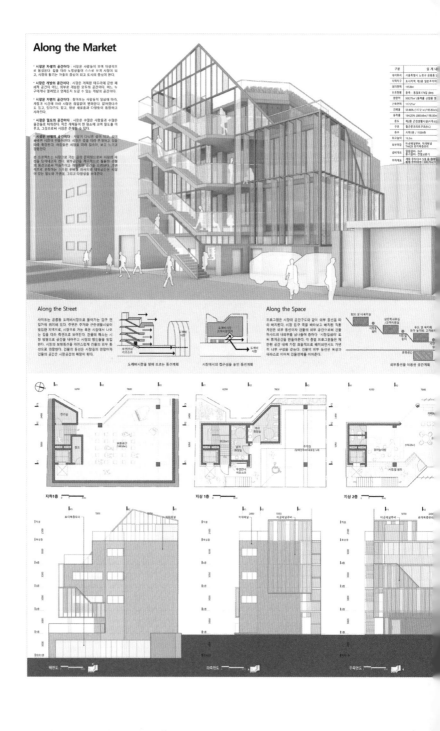

도메시장을 따라 흐르는 동선계획

시장에서의 접근성을 높인 동선계획

## Along the Space

프로그램을 시장의 공간구조와 같이 외부 동선을 따라 배치하되, 시장 입구 쪽을 바라보고 제친 지봉 경사로 외부 동선이 건물을 따라 외부 공간으로써 건물 파사드에 나타면한 시장길이로 제낸 휴게공간을 만들어준다. 각 층의 프로그램들은 체분된 공간 내에 가변 파울지로서 제지면서도 가변적 내부 구성을 갖는다. 건물의 외부 동선은 옥상과 테라스로 이어져 건물전체를 이루준다.

외부동선과 이동성 공간계획

## 지하1층     지상 1층     지상 2층

배면도     좌측면도     우측면도

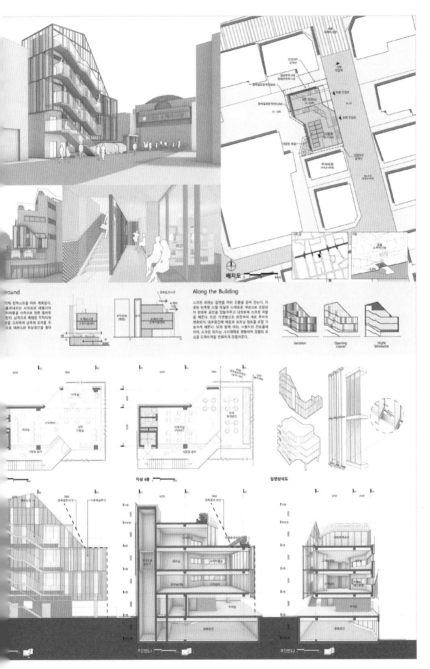

▶ 공릉동 도깨비시장 고객 지원 센터 신축 설계 공모 제출 패널.

필승의 전략, 그리고 승패

　건축가에게 공모전은 이기기 위한 게임이다. 공모전에서 건축가 개인의 성향이나 스타일은 중요하지 않다. 단순히 창의적인 아이디어나 잘 정리된 계획안을 내놓는 것으로는 부족하다. 해당 공모전의 프로그램과 건물 부지의 성격을 파악하여 모두가 공감할 수 있는 설계안을 만들어야 한다.

　이기기 위해서는 전략이 필요하다. 타인은 어떻게 접근할지 역으로 생각해 보는 것도 한 가지 방법이다. 남들과 다른 전술을 세우고 직관적이며 강하게 어필하는 이미지를 만들어 한눈에 들어오도록 깔끔한 패널로 정리해야 한다.

　공모전에서는 당선작만이 승자다. 입선작도, 탈락작도 아쉬움이 남는다. 그러나 승자에게도 패자에게도 공모전 결과는 바로 과거가 된다. 승자에게는 잠시 공모전을 잊고 숨 돌릴 여유가 생기지만 이내 일이 닥쳐온다. 패자는 빨리 잊고 다시 도전해야 한다. 건축 실무에서 공모전은 경쟁이다. 경쟁을 즐기고 끊임없이 도전해야 건축도 즐길 수 있다.

공모에서 설계로, 설계에서 시공으로

건축물을 직접 시공해 볼 수 없으니 미리 계획하는 것이 설계라면, 설계를 진행하기에 앞서 미리 기획해 보는 것이 공모전이다. 가장 이상적인 과정은 공모안이 그대로 설계안이 되고 설계안이 그대로 시공되는 것이다. 그러나 현실에서 늘 그렇지는 못하다. 발주처의 요구, 사업비 제약, 지자체장 교체 등 여러 사유로 건축가의 의지와 상관없이 큰 변동이 생기거나, 심지어 좌초되는 경우도 허다하다.

건축 설계 공모에서 당선될 수도 탈락할 수도 있다. 당선작 심사 과정 이면에는 어느 정도 부조리함과 부당함도 있다. 그러나 공모전이라는 경쟁 방식으로 설계자와 설계안을 선정하는 것은 불가피한 현실이다. 공모를 훌륭하게 기획하고 준비해 발주하기, 공정하고 객관적으로 진행하기, 당선안을 존중해 구체적인 설계안으로 매끄럽게 이어가기, 마지막으로 설계 원안의 의도를 최대한 유지하며 시공하기 등이 모두가 할 수 있는 최선의 노력이다.

감사의 말

　한국에서 건축 일을 시작한 지 5년쯤 지난 2017년, 문화체육관광부에서 수여하는 '젊은건축가상'을 받았다. 지금 돌아보니 그때는 아무것도 모르고 묵묵히 주어진 일에 매달렸다. 당시 개인적으로 가장 듣기 좋았던 심사평은 '다양한 작업으로 건축의 외연을 넓히고 있다'는 거였다.

　그로부터 다시 5년이 흘렀다. 나는 여전히 건축의 경계를 넘나들며 전보다 다양한 일을 하고 있다. 물론 아직도 많이 부족하고 갈 길이 먼 젊은, 아니, 젊고 싶은 건축가지만 이 책을 집필하며 한국의 젊은 건축가이자 건축학과 교수로 살아온 지난 10여 년을 돌아보았다.

　돌이켜 보면 건축은 혼자가 아니라 함께 하는 일이다. 탁구와 테니스, 복싱처럼 함께 호흡하고 뛰어 주는 카운터 파트너가 너무나 소중하다. 서로 치열하게 다투는 경쟁자, 같이 열심히 뛰는 스태프, 옆에서 응원해 주는 지지자, 열심히 지도해 주는 코치와 매니저, 후원해 주는 스폰서와 소속사 모두 중요하다. 운 좋게도 내 주변에 감사한 분이 참 많았다.

　처음 나를 건축으로 인도해 기본을 가르쳐 주신 고(故) 장림종 교수님, 학창 시절 큰 가르침을 주신 이성관 선생님, 나에게 멋진 건축가의 표본을 보여 준 매리언 와이스(Marion

Weiss)와 마이클 맨프레디(Michael Manfredi), 나를 한국으로 이끌어 건축 일을 시작하게 도와주신 김광수 교수님, 풋내기 건축가의 작업에 관심을 갖고 응원해 주신 유걸 선생님, 옆에서 항상 많은 조언과 응원을 해주시는 김현석 소장님과 건축계 많은 선후배님들 그리고 나와 동고동락하는 우리 요즈음건축 스태프들에게 감사의 마음을 전한다.

항상 인간적인 신뢰를 바탕으로 함께 좋은 결과를 만들어 가는 이택준 수석님, 서형주 부장님, 송권용 이사님, 유봉열 대표님, 그리고 감각적인 사진으로 내 작업물을 작품으로 만들어 주시는 신경섭 작가님, 구조의 해결사이신 박병순 소장님께도 감사 인사를 전한다.

나를 항상 든든하게 받쳐 주고 학문적인 소통과 교류로 많은 가르침을 주시는 이화여대 동료 교수님들 그리고 부족한 나에게 배우고 졸업해 지금은 어딘가에서 더 뛰어난 건축가로 일하고 있을 수많은 제자들과 지치지 않도록 에너지를 주는 우리 학생들에게 감사를 표한다. 마지막으로, 늘 나에게 든든한 기단이 되어 주시는 부모님, 건실한 기둥 같은 사랑하는 나의 가족에게 무한한 고마움을 전한다.

# 새로운 변화를 향한 갈망

천의영
한국건축가협회 회장

　저자는 건축의 과거와 현재에 대해 깊이 이해하고 예리하게 통찰한다. 작은 설치 작업부터 본격적인 설계 작업까지, 그의 건축 실험들은 늘 흥미롭다. 보통은 과묵한 성격인 저자가 오늘은 이 책『요즈음 건축』을 통해 큰 소리로 새로운 변화를 향한 갈망을 외치는 것 같다.

　나에게는 오래 기억에 남는 저자와의 특별한 에피소드가 있다. 그를 만나게 된 계기는 광주비엔날레에서 내가 총감독을 맡아 진행한 '광주폴리 III' 프로젝트였다. 나는 '광주폴리 II'에 큐레이터로 참여하며 폴리의 개수를 줄이면 좋겠다 생각했는데, 시민위원회에서는 오히려 동구에 몰려 있는 폴리를 늘려 다른 구에도 설치하면 좋겠다고 했다. 그 의견에 따라 기존 폴리와 달리 한 장소에 고착되기보다 이곳저곳 옮길 수 있는 소규모 미니 폴리를 만들고자 했다.

　여러 대안을 검토하다 보니 올림픽공원 소마미술관에 있

던 '다이나믹 릴렉세이션'이 눈에 들어왔다. 수소문한 끝에, 2016년 저자를 처음 만났다.

느릿하지만 또렷한 말투가 신선하게 다가왔다. 작업 의도부터 신수경 작가와의 협업 이야기까지 서로 말이 일사천리로 통했다. 결국 다이나믹 릴렉세이션은 광주로 옮겨져 비엔날레 전시장 앞마당에 '인피니트 엘리먼츠'로 설치되었다가, 2020년에는 광주 서구청에 '다이크로익 웨이브'라는 작품으로 재탄생했다. 돌이켜 보면 이 작품에서 볼 수 있는 '도시의 비일상성'은 광주폴리 III에서 추구한 핵심 정신이었다.

현대 건축은 이전처럼 딱딱하고 고정되어 있지 않다. 생동감 넘치게 움직이며 다양한 가능성과 결합한다. 마치 '리좀'처럼 영구적인 탈기관화의 속성을 지닌다. 건축 영역에 새로운 속성을 포함시켜 '이형 괴물'의 잠재성을 추구하는 작업들도 많이 볼 수 있다.

저자는 건축 디자인 패러다임과 구축미, 변화하는 매체, 종합 예술인 영화와 건축의 유사성, 창의적인 건축 교육의 필요성 그리고 건축가의 역할에 대해 새로운 비전과 혁신적인 포용성을 보여 준다.

건축은 더 많이 변화하고 성장할 것이다. 이 책에 담긴 저자의 생각들은 초연결로 대변되는 미래 도시 건축의 발전에 중요한 한 축이 되리라. 머잖아 그와 또 다른 에피소드를 만들길 기대한다.

# 편안하지만 깊은 이야기

임형남
가온건축 대표

우리가 일상에서 느끼지 못하지만 지구는 시속 1,600킬로미터로 자전하고 그보다 훨씬 빠른 속도로 공전한다. 세상은 정지해 있는 것 같지만 엄청나게 빠르게 움직인다.

우리 사회도 무척 빠르게 변화한다. 긍정하건 부정하건 세상은 변한다. 그 변화는 자연스럽게 우리의 생활과 사고에 영향을 미치고, 사회를 변화시키며, 우리가 속한 공간도 바꾸어 놓는다. 인류의 역사는 변화에 적응하는 과정이다. 그러나 많은 이가 그런 변화와 그로 인해 생기는 다양성을 정면으로 마주하지 않고 애써 외면하거나 인정하지 않으려 한다. 사회 갈등은 변화를 향한 시각과 자세에서 비롯된다. 이 책 『요즈음 건축』은 그런 다양성과 변화에 대한 성찰과 실천에 관한 이야기로 이루어져 있다.

먼저 재료와 시대에 관한 이야기에서 시작해 기술의 진화와 형태의 한계에 도전하는 인간의 역사를 담담히 살펴본다.

근본적인 미와 인간이 인식하고 받아들이는 과정까지 성찰하고 그 사유의 끝은 구체적인 건축 작업물로 자연스럽게 연결된다.

야적장 여기저기 쌓여 있는 흔하디 흔한 플라스틱 파렛트는 뼈대가 되고 공간이 되며 오묘한 외장재로 바뀐다. 평범한 나무 각재는 원래 용도에서 벗어나 공간을 만들고 문양을 새기는 주인공으로 변신한다. 이런 재료 실험은 발상의 전환이자 존재의 재해석이다.

그 범위는 점점 넓어져 일상 공간과 도시 풍경을 만드는 작업으로 확장된다. 학교 교실을 재구성하고 도시의 그늘처럼 이곳저곳 드리워진 고가도로의 하부 공터를 새로운 장소로 탈바꿈시키는 작업, 거대 건물의 외장에서 빛을 받는 동시에 가려 주는 양면성을 지닌 태양광 쉐이드를 만드는 일로 이어진다.

건축이란 거대하고 복잡한 구조물이지만 다른 한편으로 일상 속에서 피부에 와 닿는다. 건축을 말하기 시작하면 어렵고 전문적이며 때로 조금은 으쓱대는 이야기가 나오기 쉽지만, 이 책은 어려운 내용도 바로 옆에서 조곤조곤 이야기하는 것처럼 편안하게 들려준다. 그 편안함 속에는 특별한 시선과 다른 깊이가 담겨 있다.

추천사 3

# 가볍고 넓고 쉬운 건축 안내서

한은화
중앙일보 건축 담당 기자

책을 펼치자마자 저자를 처음 만났던 때가 떠올랐다. 2016년, 옛 서울역사인 문화역서울284에서 열린 전시에서 였다. 나긋나긋한 말투와 달리 그의 작품은 매우 도전적이었 다. 산업 자재인 플라스틱 파렛트를 응용해 만든 공간은 여 러모로 새롭고 놀라웠다. 싸고 간편하고 튼튼한데 재활용까 지 할 수 있다니. 이벤트를 위한 임시 공간을 만들기에 적합 했고 확장 가능성이 무궁무진했다. 저자는 소재를 재발견하 고 새로운 것을 만들어 내는 탁월한 건축가다.

아니나 다를까, 책에서 가장 눈길을 끄는 건 익숙한 현상 을 되짚게 하는 저자의 질문들이었다. 저자가 건축의 본질을 찾아가는 여정에서 던진 질문들이 지식의 빈틈을 채워 주고 건축을 다시 한 번 생각하게 한다. 건축에서 미는 무엇일까? 건축은 언제부터 예술의 영역에서 벗어나게 된 걸까? 건축 의 형태를 어떻게 바라봐야 할까? 건축가는 무엇을 하는 사람일까? 건축가는 색을 안 쓰는 걸까, 못 쓰는 걸까? 건축은 세상을 바꿀 수 있을까? …

쉽게 답하기 어려운 질문들을 담백하게 풀어가는 저자를 따라가다 보면 건축을 어떻게 바라봐야 할지 더욱 선명해진다. 저자가 건축의 본질을 탐구하기 위해 오랜 시간 고민했던 이야기를 책 한 권으로 쉽게 얻어갈 수 있다는 건 독자에게는 큰 행운이다. 건축물에 국한되지 않고 공간과 관계된 모든 일로 확장되고 있는 요즘 건축의 면면도 흥미롭다. 이 책은 어렵고 난해한 건축이 아니라 가볍고 넓고 쉬운 건축 안내서다.

저자는 대학에서 건축을 가르치는 교육자이자 현장에서 실무를 하는 건축가다. 두 경험을 토대로 한 제언이 책 곳곳에 담겨 있다. 움직이는 건물 입면이 나오는 세상인데도 건축사 시험을 칠 때는 제도판에서 펜과 자를 이용해 그려야 하고, 설계 공모전에서는 스티로폼 모형을 요구하며, 관공서에서는 CD로만 납품을 받는 게 현실이다. 알고 보아야 바뀐다. 이 책이 경직된 건축계에 변화를 일으키는 시발점이 되길 바란다.

## 참고 자료

### 단행본

· 박인석, 『건축이 바꾼다』, 마티, 2017
· 박인석, 『아파트 한국사회』, 현암사, 2013
· 박해천, 『콘크리트 유토피아』, 자음과모음, 2011
· 서현, 『건축을 묻다』, 효형출판, 2009
· 서현, 『건축, 음악처럼 듣고 미술처럼 보다』, 효형출판, 2014
· 송하엽 외, 『파빌리온, 도시에 감정을 채우다』, 홍시커뮤니케이션, 2015
· 아키랩 편집부, 『메이드 인 디지털』, 아키랩, 2018
· 이상현, 『길들이는 건축 길들여진 인간』, 효형출판, 2013
· 이영수 외, 『건축 콘서트』, 효형출판, 2010
· 임석재, 『교양으로 읽는 건축』, 인물과 사상사, 2008
· 임석재, 『한권으로 읽는 임석재의 서양건축사』, 북하우스, 2011
· 임형남 외, 『집 도시를 만들고 사람을 이어주다』, 교보문고, 2014
· 조남호 외, 『집짓기 바이블』, 마티, 2012
· 천의영, 『열린 공간이 세상을 바꾼다』, 공간서가, 2018
· 한은화, 『아파트 담장 넘어 도망친 도시 생활자』, 동아시아, 2022
· 서울시교육청, 『학교, 고운 꿈을 담다』, 서울특별시, 2017
· 도시공간개선단, 『우리동네 고가하부 종합보고서』, 서울특별시, 2020
· 라파엘 모네오, 『라파엘 모네오가 말하는 8인의 현대건축가』, 이영범 외
  옮김, 공간사, 2008
· 로저 루이스, 『디자이너로 자라기』, 김현중 옮김, 국제, 2001
· 매튜 프레더릭, 『건축학교에서 배운 101가지』, 장택수 옮김, 동녘, 2008
· Antoine Picon, 『Digital Culture in Architecture』, Birkhäuser Architecture,
  2010
· Barry Bergdoll, 『The Pavillion: Pleasure and Polemics in Architecture』,
  Hatje Cantz, 2010
· Farshid Moussavi, 『Function of Form』, Actar, 2009
· Farshid Moussavi, 『Function of Ornament』, Actar, 2006
· Helmut Pottmann, 『Architectural Geometry』, Bentley Institute Press, 2007
· Jane Burry, 『The New Mathematics of Architecture』, Thames & Hudson,
  2010

· Jesse Reiser, 『Atlas of Novel Tectonics』, Princeton Architectural Press, 2006
· Peter Eisenman, 『Ten Canonical Buildings 1950−2000』, Rizzoli , 2008
· Kenneth Frampton, 『Modern Architecture』, Thames & Hudson, 2007
· Kenneth Frampton, 『Studies in Tectonic Culture』, The MIT Press, 2001
· Lisa Iwamoto, 『Digital Fabrications』, Princeton Architectural Press, 2009
· Lucy Bullivant, 『4dspace : Interactive Architecture』, Academy Press, 2005
· Marc−Antoine Laugier , 『An Essay on Architecture』, Hennessey & Ingalls, 2009
· Stephen Kieran, 『Refabricating Architecture』, McGraw Hill, 2003

## 논문

· 국형걸, 「MOMA PS1 YAP 파빌리온에 나타나는 계획특성에 관한 비교연구」, 『디자인융복합연구』 통권 57호, 디자인융복합학회, 2016
· 국형걸, 「알고리즘을 통한 자유곡면 쉘 구조물의 설계 및 시공」, 『건축』 제59권 7호, 대한건축학회, 2015
· 국형걸, 「디지털 제작과 건축적 실험」, 『건축』 제58권 2호, 대한건축학회, 2014

## 기타

· 공공데이터포털 data.go.kr
· 파렛스케이프 palletscape.kr
· 솔라스케이프 solarscape.kr
· (주)요즈음건축 yz-architecture.com

## 도판 출처

21쪽ⓒLaurian Ghinitoiu

25쪽 (상) primitivehuts.blogspot.com

(하) ⓒAlessio Damato

27쪽 (좌) ⓒGunnar Klack

28쪽 ⓒIwan Baan

29쪽 ⓒBenny Chan

30쪽 a-r-c.dk

33쪽 ⓒScott Frances

35쪽 ⓒRose Etherington

36쪽 dezeen.com

37쪽 ⓒAnna Positano

45쪽 ⓒAndreas Praefcke

49쪽 (좌) faulders-studio.com

(우) shoparc.com

51쪽 (상) ⓒCanaan

(하) ⓒIwan Baan

52쪽 ⓒMike Peel

56쪽 archdaily.com

57쪽 (좌) archdaily.com

(우) ⓒDietmar Rabich

58쪽 (우) ⓒGehry Technologies

59쪽 (좌) bryla.pl

(우) archdaily.com

60쪽 (좌) onlineexhibits.library.yale.edu

(우) archdaily.com

70쪽 levelvan.ru

71쪽 (우) vitra.com

78쪽 dezeen.com

79쪽 topdocumentaryfilms.com

84쪽 archdaily.com

90쪽 ⓒIwan Baan

92쪽 archdaily.com

93쪽 ⓒDaria Scagliola+Stijn Brakkee

94쪽 ⓒRaphael Azevedo Franca

99쪽 (상) guggenheim-bilbao.eus

(하) ⓒVirgile Simon Bertrand

101쪽 (상) ⓒDansnguyen

(하) Ossip

107쪽 ⓒCemal Emden

117쪽 arch.columbia.edu

162쪽 (좌) ⓒHUFTON + CROW

(우) ⓒChris McDaniel

163쪽 (좌) designboom.com

(우) ⓒA. ZAHNER COMPANY

181쪽 medlabdesign.com

192쪽 (좌) goldennumber.net

(우) pinterest.com

209쪽 (상) ⓒPeterHermesFurian

(중) ⓒTttrung

223쪽 (상) ⓒStevekeiretsu

225쪽 archidose.blogspot.com

233쪽 (상) theglasshouse.org

(하) ⓒAshley Pomeroy

309쪽 ⓒ Laurian Ghinitoiu

310쪽 ⓒ이재인

323쪽 archdaily.com

· 1,2장 도판은 위키미디어 커먼즈 등에서 검색한 온라인 공공 이미지로
구성되었다.
· 3,4장 도판은 온라인 검색 이미지와 저자가 제작한 도면 및 구조도,
신경섭 건축전문 사진작가의 사진으로 구성되었다.
· 저자와 신 작가의 사진, 퍼블릭 도메인 이미지는 따로 페이지를 표기하
지 않았다.

## 요즈음 건축
건축가에게 꼭 필요한 고민과 실천의 기록들

1판 1쇄 발행 | 2022년 11월 30일
1판 2쇄 발행 | 2023년 6월 1일

**지은이** 국형걸
**사진** 신경섭

**펴낸이** 송영만
**디자인 자문** 최웅림
**편집위원** 송승호
**책임편집** 이상지
**디자인** 조희연

**펴낸곳** 효형출판
**출판등록** 1994년 9월 16일 제406-2003-031호
**주소** 10881 경기도 파주시 회동길 125-11(파주출판도시)
**전자우편** editor@hyohyung.co.kr
**홈페이지** www.hyohyung.co.kr
**전화** 031 955 7600

ⓒ 국형걸, 2022
ISBN 978-89-5872-209-0 03540

값 22,000원